U0016894

The Art of Spice
A Kitchen Witch Cookbook

女巫阿娥
的香料廚房

活用四季常備香料，
做出健康療癒的餐桌風景

阿娥
● 著

目 次 | Contents

Look at all those spices!

你怎麼變出那些香料的？

做了要「寫食譜」這樣的決定之後，內心大概慌張了半年。

在自家廚房張羅料理，在個人社群網路上貼照片分享，被朋友厚愛「敲碗」要出食譜是一回事，當真要出版食譜，哪是我能勝任之事。

但我最常被問的其實是這一句：「你怎麼變出那些香料的！」

因為我是巫婆啊！巫婆的櫃子裡，除了精油、植物油、酊劑和浸泡油之外，最多的就是香料了！喔，別忘了，還有院子裡的香草。

食譜書這件事情，要解答或滿足的，其實是朋友們對香料香草入菜的不熟悉。

跟長久以來的芳香療法之路一樣，我想要做的是鼓勵大家去跟食材培養感情，練習嚐味道，

挑戰味蕾找出自己的偏好。所以「寫食譜」這件事情，嚴格說來跟我想做的事情是逆向的。

　　所以慌張的期間我不斷為自己建立信心，我至少可以分享的是我們家如何用這些香料與香草，去變化出四季的日常餐桌，還有斟酌家人身心狀態，運用香草香料入料理的用心，那些都是一步一腳印的，巫婆香料櫃裡的日常。

　　我們家是這樣的，喜歡嚐鮮，但是踩雷很煩。或者花了四倍的價錢，吃到的食物跟自家廚房料理出來的差不多，久了便覺厭世，再累也寧可下廚煮飯。有的時候跟味蕾不一定直接相關，純粹好奇追根究柢，想知道某道菜、某個香料搭配起來是什麼滋味。宅宅一家也喜歡舉家料理同樂，發明了「週二墨西哥夾餅」（Taco Tuesday）、「週五墨西哥起司餡餅」（Quesadilla Friday）或是「週日海鮮」（Seafood Sunday）。

　　異國婚姻裡，在美國居住的時候為了滿足我的台灣胃，料理（失敗的）麵線羹，做饅頭、肉包、高

麗菜包、擀餃子皮剁餡料，DIY台式肉鬆壽司。在半夜打電話回台灣問媽媽排骨湯頭清甜的祕密（加蔥！），全盛時期的豐功偉業大概就是從切肥豬肉逼豬油、炒米開始，自己在五月節完成綁粽，還把媽媽寄來的「薄鹽筍乾」還原為竹筍替代鮮筍變成餡料。而且而且，硬功夫在綁粽這天之前的一個月就開始了，從鹹蛋的醃漬開始，連油蔥酥也自己製備，正是逆境中生命會找到出路的奧義。

返台定居後，餐桌風景就逆向操作了，我們堅持給孩子

美國家庭口味，同時也為了滿足長工舌尖的鄉愁，開始不定期自己製作早餐香腸，自立自強做莎莎醬（Salsa）和各種墨西哥菜色。感謝網路時代的資訊唾手可得，只要能夠拿到材料，剩下來的功夫就是實驗、實驗再實驗。

我養過天然酵母做麵包，也自己用各種香草香料做出西式早餐香腸，烤過各色派、塔點心，一度被朋友笑是拜塔教主。到了美國的傳統假期（Holiday Season）——感恩節（Thanksgiving

Day）與聖誕節（Christmas），我們工作再忙也要生出一桌大餐，即使要從三日或一週前就開始備料洗切，只為了要在節日讓大餐上桌，然後可以在網路上跟太平洋另一頭的家人視訊，分享一年來的生活還有餐桌風光。

但我還是不覺得自己「很會」做菜。欸對，說了半天回到「寫食譜」這事的慌張，在廚房熟門熟路，但我還是心虛啊。

但這個慌張在某天孩子說「你今年要做什麼派？你絕對不可以漏掉南瓜派，因為你做的南瓜派全世界最好吃！」（What pies are you making this year? You must not skip pumpkin pie'cuz you make the best pumpkin pie in the world, from scratch!）那個瞬間，全部飛走了。那一天，還是春天，距離感恩節還有半年那麼久，她已經開始期待媽媽的南瓜派！那一天我知道，我可以分享的是，巫婆媽媽和長工爸爸怎麼用櫃子裡的香料和院子裡的香草，建立起我們家的餐桌傳統。

所以「我有沒有『很會煮菜』」不是本書的重點，我「很會」的，是在家的空間裡面，用香料和香草做結界，拉出了香氣的神聖空間，在大喊「吃飯了！」（Dinner time!）的那個瞬間，在家人們循香而來圍坐餐桌前，接著把桌上食物一掃而空的那些時刻裡，我就是最厲害的香料巫婆大廚媽媽！

tips

- 香料廚房裡的巫婆，追劇的時候看到跟香料相關的語言都會記下來。某回看《后翼棄兵》（*The Queen's Gambit*）聽到這句：「憤怒是強烈的香料，一小撮就可以讓人清醒，太多了則會使人麻木。」（Anger is a potent spice. A pinch wakes you up, too much dulls your senses.）這用在料理上很貼切，所有香料皆然——份量剛好畫龍點睛才是重點。許多香料的氣味濃厚，太多了搶戲，讓原本的食材味道突顯不出來，加得恰到好處的話，奇妙無比。

- 寫料理描述香氣，文字多有局限。某回朋友分享是枝裕和導演的電影《奇蹟》（*I Wish*）裡面，小孩形容甜點的香氣：「氣味甜度屬『朦朧』。」覺得妙不可言。此為藉口，如果閱讀本書覺得很難想像味道，不是我的問題，請自行張羅材料煮來聞香便知。

- 食譜盡可能註記份量，但加多少才是剛好，最好的指導老師是自己的鼻子和舌頭。除了參考食譜之外，每個人買到的香料、香草氣味新鮮及濃厚程度不同，就像不同產地、結晶形狀與顆粒粗細的鹽鹹度也都不同，最高調味指導原則就是「嚐嚐看」。食譜裡面的份量是參考用的，不要被綁架。

- 香料去哪裡買：中藥鋪、南北雜貨鋪、香料專門店、網路商店、青草街、苗圃等。

- 你的香料不是我的香料：購買、儲存、產地等等都會影響氣味，1小匙新鮮香料，換用庫存較久氣味揮發的香料可能需要加倍也說不定，指導原則一樣是「嚐嚐看」。

- 你的舌頭不是我的舌頭：個人體質、香氣記憶、飲食習慣等等都會影響偏好。此非卸責，雖然寫出材料步驟，料理過程務必迎合自己的鼻子和舌頭，調整氣味，指導原則還是「嚐嚐看」。

- 泡茶還是煮茶？書中許多茶飲食譜，許多配方都建議用小鍋煮，香草茶、奶茶都是。但人生有時懶惰或場地工具不便，可變通改用浸泡方式，自己實驗成功的操作方式，是最好的食譜，也最適合自己。

- 某些香料、食材氣味刺激，料理時請多用常識，也有些乍似安全的食材會在意外時刻令人痛苦，例如擠檸檬的時候，手上有自己未察覺的小傷口，檸檬汁會告訴你。又例如切辣椒沒戴手套，等辣椒素滲透到皮膚上皮細胞內，灼熱感只能靠時間療癒。諸如此類，靠經驗累積，也可以多與掌廚的親友切磋。

春
生

Spring

芫荽的愛恨情仇

*The Great
Cilantro Debate*

聞到芫荽的氣味，大部分台灣人應該會立刻聯想起排骨菜頭湯、貢丸湯的氣味吧！街頭巷尾小吃攤的麵線糊、魷魚羹上面，也常有香菜（芫荽）的蹤影，為濃稠的湯汁增添一股清新香氣。撒在湯上面的芫荽葉，英文叫做 Cilantro。台灣人對芫荽的種子似乎就沒那麼熟悉，但只要吃過咖哩，你就一定吃過以芫荽籽為香料的料理。

一般人想到咖哩可能第一個聯想到的是薑黃，但咖哩這個印度綜合香料，裡面絕對不能缺少的香氣，其實是芫荽籽（Coriander Seeds）（講到這件事，我總是很想替芫荽籽大聲疾呼：「不要忽略我的存在！」）。可能因為芫荽籽的氣味跟咖哩中其他的香氣相較之下比較溫和，因此常被無視，但芫荽籽的工作，就是把咖哩綜合香料的風味調和起來。

在南亞和歐洲的料理中，乾燥的芫荽籽或者是磨好的芫荽籽細粉經常被應用在料理中。希臘和埃及的文物記載中都提及了芫荽籽，《出埃記》提到 Manna（上帝賜與以色列人的神奇食物）的形狀類似芫荽籽，芫荽籽很可能在當時就是

世人熟悉的植物了。

　　歐美料理常以芫荽籽作為醃製肉類香腸的香料，或者把芫荽葉加到涼拌菜裡面。我們比較熟悉的，是以芫荽葉加到高湯中增添香氣。芫荽葉入菜後有開胃醒脾的功效，促進發

汗與腸胃蠕動。芫荽籽與芫荽葉的氣味相去甚遠，但去腥、整腸，預防感冒的功效是相近的。

每逢元旦、春節回綠手指爸媽家過年，就會看到院子裡盛產的芫荽。煮湯也加、白菜魯也加、切末加大蒜醬油膏當沾醬，或直接整把切碎做香菜煎蛋。儘管如此大量消耗芫荽，盛產的季節在我家常有吃不完、占空間，放久了只好丟棄的困擾。

有一年我福至心靈，跟媽媽提議來打芫荽酸辣醬。媽媽從櫃子裡拿出二十幾歲的古董果汁機，廚房裡搜羅出需要的材料之後，打了一大罐醬。正好搭上新年開烤的窯烤披薩，取代番茄醬打底，搭配蘑菇、甜椒、洋蔥和鮮蝦，味道好得不得了，一家子七個大人四個小孩，總共吃掉了八片披薩！

那天餐後爸爸看我們熱烈討論芫荽醬怎麼這麼好吃，還翻出了《本草綱目》記載「胡荽」這一頁，分享芫荽的功效。簡單的一罐醬，收服了全部的大人。

但芫荽的氣味也非人見人愛，網路社群上不時可見香菜之亂，愛者恆愛，恨者捏鼻走避。但有些時候新鮮的氣味或創意料理不受歡迎，只是因為不熟悉。例如烤披薩的那一天，家裡四個小孩做的披薩全部堅持只用紅色的番茄醬，「你們大人用那個綠色的醬很奇怪，我才不要！」殊不知其實稍早大讚好吃的鮮蝦披薩裡面就有「綠色醬料」，大人奸計早已得逞。所以還是很建議大家，好吃不好吃，要問自己的舌頭，才能得到正確答案啊！

芫荽酸辣醬 / Cilantro Chutney /

只要有一大把芫荽和廚房裡常備的大蒜、檸檬汁，搭配一點點辣椒，五分鐘就可以做出一罐酸辣醬。不吃印度菜也不是問題，用來當成沾醬、烤披薩取代番茄醬，或者拌飯、抹在土司上都很搭。

遇到料理串燒或焗烤蔬菜馬鈴薯之類的菜色，當成擺盤上桌後的淋醬，除了增加香氣之外，鮮綠色也讓菜的顏色鮮豔美麗，感覺更好吃。

我的版本嚴格來說不是印度料理的酸辣醬，印度版通常不會加大蒜與橄欖油，但我覺得添加些大蒜與橄欖油，口感滑順且香氣被妝點得更帶勁一些。

你可以自己試試看先不加入大蒜與橄欖油的版本，慢慢調整到適合自家的口味。

材料

- 芫荽 1 大把，切大段
- 辣椒 1 小條
- 檸檬汁 2 大匙
- 糖 1/4 茶匙（提味）
- 鹽少許
- 大蒜 4 瓣
- 橄欖油 2 大匙
- 優格 1 大匙（可不加）
- 其他可斟酌添加的香料：
  薑、黑胡椒、小茴香等

步驟

1. 把芫荽、辣椒、檸檬汁和糖放入食物調理機內，攪拌均勻。加鹽調味。
2. 再加入大蒜、優格和橄欖油，繼續攪拌均勻。嚐嚐味道之後再做最後調整。
3. 做好的芫荽酸辣醬可以放在冰箱內冷藏 3-5 天。有添加橄欖油且油蓋過所有醬料的話，保存期限可延長至 7 天左右。

芫荽籽帶有一種類似檸檬、柑橘類的果香。

我與芫荽籽香氣的第一次相遇，是在某年入秋陪媽媽播種的時候，她教我要輕輕把種子碾破（破殼即可，不要壓碎），泡水過夜之後就可以撒到土裡播種。

碾壓種子的時候，芫荽籽飄出一陣陣清新香氣。只是那時我還沒有認識芫荽籽，不知原來它就是咖哩綜合香料裡面的要角，也還沒學到芫荽籽精油在芳療上的應用。後來我才知道，在西洋料理中也會運用芫荽籽為肉類殺菌與去腥的香料。功能上多半與消化系統相關，煮茶則可以治感冒，簡直萬用。

材料

- 雞胸肉2片
- 蔬菜：青椒、彩椒、甜豆、青花菜、櫛瓜或其他
- 芫荽籽細粉
- 大蒜2瓣，切末
- 檸檬汁2大匙
- 檸檬皮少許
- 鹽、黑胡椒少許
- 橄欖油1大匙

步驟

1. 調理碗內放入橄欖油、檸檬汁、檸檬皮、鹽、黑胡椒、大蒜末與芫荽籽細粉，攪拌均勻成香料油。
2. 雞胸肉切條狀後放入碗內，把香料油均勻塗抹在雞胸肉表面，醃製2小時或冷藏隔夜。（醃過的雞胸肉不柴且多汁，是很好的蛋白質來源，老人與成長中小孩補充蛋白質的好選擇。）
3. 少許橄欖油起油鍋，放入雞胸肉，以中小火慢慢煎熟；或放進烤箱，200℃烘烤約30分鐘。
4. 雞胸肉起鍋後，同一只平底鍋內放入搭配的蔬菜，煎熟後一起擺盤，可以放上幾片芫荽葉裝飾。

tips

芫荽籽放入乾鍋加熱烘烤數分鐘，直到芫荽籽的香氣飄出之後熄火。放涼之後，以香料研磨器磨成粉，亦可用研磨缽或菜刀背敲碎。（可以一次多做一些裝罐，但磨粉之後香氣會逐漸散去，記得密封保存，並盡快使用完畢。）

芫荽籽雞胸肉 / Coriander Chicken with Lemon /

芫荽籽主消穀。止頭痛。
通小腹氣及心竅。利大小腸。

　　不論是葉片或種子，芫荽主要的療效都與呼吸道（感冒）和消化系統有關。例如中醫認為芫荽葉可以開胃醒脾、發汗透疹、開胃消食。感冒風寒或麻疹初發的時刻，建議用芫荽籽與蔥白煮茶喝。消化不良、食欲不振、脹氣腹痛的時候，則可以用等量的芫荽籽和陳皮煮茶。芫荽籽帶著淡淡的果香，很適合用來泡茶。

　　在我認識芫荽籽的功效之後，我就在家中常備芫荽籽精油處理消化道痙攣的症狀，也會運用芫荽籽泡茶，處理吃壞肚子或消化不良造成的脹氣。

　　茶湯裡檸檬片的果皮白色部分久煮會釋出苦味，可提早取出，避免影響口感。但苦味可促進胃腸分泌消化液，味蕾嚐到苦味的同時把訊息往下傳遞，消化道接收到訊息會減緩消化速度，讓食物分解更為完整。偶爾「吃點苦頭」是好事。

材料

- 芫荽籽1大匙
- 檸檬片3片
- 薑2片
- 蜂蜜1大匙

步驟

1. 芫荽籽放入乾鍋加熱烘烤數分鐘，直到芫荽籽的香氣飄出之後熄火。
2. 加入薑片與檸檬片，注入約800毫升水，煮沸後轉小火，約10分鐘熄火。
3. 待稍涼不燙口之後，加入1大匙蜂蜜攪拌融化。（高溫會破壞蜂蜜的特性。）
4. 過濾香料，將茶湯倒入馬克杯內，慢慢飲用。

芫荽籽茶 ／Coriander Tea／

肥皂還是臭蟲？

Soap or Bugs?

　　台灣人稱芫荽為香菜，但芫荽的香氣飄進不同人的鼻子裡，得到的反應卻大不相同。希臘人稱芫荽為 Koriandron，字根 koris 是臭蟲的意思。我自己熱愛香菜，但有些人卻覺得吃芫荽彷彿咬到肥皂，也許吃到的時候還會有嘴角冒泡的感覺（哈）。

　　不管吃起來像臭蟲還是肥皂，可能都跟芫荽葉裡面含有的醛分子有關。科學家以基因關連分析的研究方式，從遺傳資訊去分析，找出了可能會讓人覺得「香菜很臭」的基因，初步認為很可能是 OR6A2 這個嗅覺受器基因碼的差異，讓大家對香菜有的愛有的恨。遇到不愛香菜的人兒，大家就不要苛責了。

　　「胡荽」在《本草從新》裡的記載，說是「辛溫微

毒。主消穀，止頭痛，通小腹氣及心竅，利大小腸。其香竄，辟一切不正之氣。痧疹痘瘡不出，煎酒噴之。久食損人精神，令人多忘，病人食之腳軟。」原則上既是香菜，是添香氣用，用量不需多。如果已是病人，就不建議食用。食補常識也是如此，「先講求不傷身體」。

　　雖然有人不愛，但阿娥家除了任性的小學生之外，都很喜愛芫荽葉的香氣。從芫荽葉精油的成份分析看來，芫荽葉含有有抗氧化、消除自由基與重金屬功能的芳香分子，所以在家料理菜頭貢丸湯、排骨湯的時候，撒一點芫荽葉，有意識的照顧一家人，記得適量即可。

初春三月

　　中醫講究順應四時變化，「春夏養陽，秋冬養陰」，另外春天會有「春困」的現象，早上起床很困難，感覺睏倦乏力想賴床。這是身體在季節轉變，溫、溼度變化時，想辦法要適應氣候的生理反應。

　　但通常越睡不一定精神越好，不如起床做點簡單的伸展運動。我自己也常覺得雖然台灣冬天不那麼冷，人還是只想要窩在家裡。可是一到春天就有種行動力恢復的感覺，輕鬆的登山健行欣賞各色花開，心情也跟著愉悅綻放。

　　來到台灣已經適應環境的西洋香草，進入春天的時候，跟人類一樣，通常也會長得比較好些。例如薰衣草（Lavender）在冬末春初就會開始綻放，迷迭香（Rosemary）也在這個季節茂盛起來。甜馬鬱蘭（Sweet Marjoram）不算很好種，但是我家綠手指媽媽總是可以把甜馬鬱蘭照顧到三月還沒到，長得像毛毛蟲的花苞們就開始來了。

　　這三種西洋香草在台灣都不難買到，秋季去花市的香草專賣店帶一盆回家養，土表乾了再澆水，定期剪下乾燥收藏，到了春天就會累積不少的香草份量。在春天香草們欣欣向榮之際，在生活裡簡單運用西洋香草，讓身體跟著植物一起適應多變的春日。

薫衣草花茶

／Lavender Tea／

西洋香草跟芳香療法中，大家最熟悉的植物應該就是薰衣草了；想到紓壓放鬆，第一個想到的也就是薰衣草。但其實薰衣草的品種非常多，並不是每一種的功效都相同。單純從最容易取得的薰衣草乾燥花苞來看，通常我們買到的是「真正薰衣草」（拉丁學名 *Lavandula angustifolia*）的花苞，香氣甜美優雅，具有放鬆、鎮靜與抗憂鬱的效果，常被用來沐浴泡澡放鬆身體和情緒，以及泡茶舒緩神經助眠。

薰衣草含有複雜的芳香成份，除了這些大眾熟知的紓壓助眠效果之外，美容、抗菌、助消化等功能包山包海。因為薰衣草的芳香分子可以放鬆不隨意肌，所以也可以幫助打開呼吸道，在腸道中可以鎮定痙攣，在血管裡面的作用則是使血管放鬆、擴張進而降低血壓。所以薰衣草在藥草與芳療的地位上屹立不搖，當然有其道理。

工作步調緊張或是壓力龐大的人，可以在午後或晚餐後泡杯花草茶，運用薰衣草強大的平衡力量，搭配其他的茶種或香草，舒緩緊繃的神經，放鬆焦躁的狀態，不會讓人昏昏欲睡，還可以得到安撫鎮靜的效果。我還嘗試過在沖泡友人贈送的野放綠茶包時，加入一點薰衣草花苞，幫助自己在授課過程中得到沉靜的力量，讓學生不至於覺得老師講話速度像機關槍跟不上。

材料

- 乾燥薰衣草1大匙（其他可搭配的香草種類：檸檬馬鞭草、綠薄荷、甜馬鬱蘭、洋甘菊等）
- 紅茶或綠茶茶包1個
- 約500毫升容量有濾網的沖茶器／茶壺

步驟

煮茶法：在小鍋中放入香草與茶包，加入2倍的水量，以中小火煮開後，熄火，過濾倒出。

泡茶法：將香草與茶包放入沖茶器／茶壺內，注入熱水，浸泡約3分鐘後倒出飲用。可回沖約2-3次。

tips

不是所有的薰衣草品種都適合泡香草茶喝。

迷迭香是另一個家喻戶曉的香草植物，拉丁學名是 *Rosmarinus officinalis*，意指來自海洋的露珠，原產地是地中海，是少數來到台灣適應良好的香草之一。地中海氣候溫暖但乾燥，與台灣潮溼的天氣大不同，不過經過馴化多年的迷迭香，種植的門檻已稍稍降低。切記不要拚命澆水「愛死」植物就可以了。

迷迭香跟薰衣草一樣是使用歷史悠久的植物，拉丁學名中 *officinalis* 的意思是「屬於僧道院儲藏室（藥局）的」，在飲食與醫療中都有相當的地位，義大利菜與眾多西式料理都常見到迷迭香的蹤影。例如在冷水瓶裡面丟一條迷迭香枝條與兩片檸檬，就可以幫等候餐飲的客人心情愉悅又開胃。迷迭香的芳香分子可以去腥抗黴，拿來醃肉非常好用。不管是牛肉、豬絞肉、豬里肌或是雞柳條、雞腿排，我都嘗試過以大蒜、迷迭香、黑胡椒與海鹽搭配，隨意拌入橄欖油，放置半小時至隔夜冷藏都好，料理下鍋的時候香味滿屋，常常引誘午睡的人衝出房門。

另外要建議的是：「去花市買一盆迷迭香回來自己種吧！」如果買過市售小罐香草，也親手栽種過香草植物，就會知道自栽自採乾燥收起的迷迭香，比超市買來的香氣要濃厚很多。照顧得好的話，一年四季都有迷迭香可以入菜。隨手從窗台院子剪下香草入菜，不是電視裡面西洋大廚的專利，只要有心，人人都可以當餐以香草入菜鮮食。

材料

- 去骨雞腿排（或雞胸肉）2 片
- 迷迭香枝條（約 5 公分長）2 條
- 黑胡椒 1 小匙
- 大蒜 3 瓣，切片
- 橄欖油 2 大匙
- 鹽 2 小匙
- 馬鈴薯 2 個
- 蔬菜（小番茄、蘆筍、青花椰菜等）

步驟

1. 雞肉洗淨後以廚房紙巾將水分吸乾。
2. 迷迭香切碎，與黑胡椒、鹽和橄欖油在小缽內拌勻，做成香料油。把香料油抹在雞肉上面，靜置醃約半小時，或冷藏隔夜。
3. 鍋子加水把馬鈴薯煮熟，或以電鍋蒸熟。
4. 熱鍋，放入雞腿排，帶皮這一面先下，把油脂逼出來。再放入切好的蒜片一起煎香，等雞皮慢慢成金黃色後翻面，把另一面也煎熟，起鍋。
5. 鍋子不熄火，放入已燙熟或蒸熟的馬鈴薯，小火慢慢煎到表皮呈金黃色，起鍋擺在雞肉旁邊。
6. 同時另用一鍋煮水燙青菜，鍋內滴入少許橄欖油，保持蔬菜青脆。
7. 餐盤上擺好雞腿排和馬鈴薯，上面撒煎過的蒜片和少許黑胡椒。燙好的青菜也擺上去，就完成了。

迷迭香雞腿排 ∕ Rosemary Chicken Leg Quarters ∕

跟迷迭香、薰衣草比起來，我們對甜馬鬱蘭比較不熟悉，但是每次帶學生進行香氣之旅，在香草苗圃與甜馬鬱蘭初次相遇的學生們都會驚呼：「老師，這盆是什麼?! 這個也太香了！」

　　希臘、羅馬時代，甜馬鬱蘭就在儀式和醫療占有一席之地。外用在身體可以當香水、保養品，醫療上可以處理肌肉關節的各種疼痛與緊張。心靈上也具有類似的效果，幫助緊繃的身心放鬆。

　　甜馬鬱蘭其實是奧勒岡（Oregano）的表親，氣味有些類似，都含有抗菌的成份，所以也常被應用在肉類的醃漬和保存上。我的日常生活中除了用甜馬鬱蘭泡茶之外，有時會用它取代奧勒岡熬製披薩上的番茄醬。我也常做甜馬鬱蘭里肌肉排，可以搭配迷迭香，單獨使用也自有風味。

材料

- 大蒜 2 顆，壓碎
- 橄欖油 2 大匙
- 新鮮或乾燥甜馬鬱蘭葉 2 大匙，切碎
- 鹽 1/2 匙
- 黑胡椒 1/4 匙
- 豬里肌肉排（約 0.5 公分厚）10 片
- 青椒、紅色黃色彩椒各 1 個，切成約 1 吋見方
- 洋蔥 1 個
- 菲達起司（Feta Cheese）少許
- 醃漬綠／黑橄欖 8 顆，切半
- 紅酒醋（可省略）

步驟

1. 在小鍋內把橄欖油、大蒜、甜馬鬱蘭、鹽和黑胡椒等材料混合成香料油，攪拌均勻。
2. 從鍋中取出 2 小匙香料油備用。
3. 碗中放入里肌肉，香料油均勻的塗滿里肌肉排，靜置醃約 1 小時，或冷藏隔夜。
4. 平底鍋加熱，放入 1 大匙橄欖油，轉中火。放入里肌肉排煎至兩面都變白，邊緣稍微焦黃後，起鍋夾到盤子上。
5. 同一鍋倒入青椒和彩椒拌炒，加入步驟 2 取出備用的香料油，持續拌炒約 3 分鐘，半生熟就可以起鍋。起鍋後拌上少許菲達起司與切半的橄欖，淋上少許紅酒醋（可省略）。
6. 煎好的里肌肉排和炒好的蔬菜一起擺盤完成後，就可以開動了。

甜馬鬱蘭里肌肉排

／ Pork Chop with Sweet Marjoram ／

地中海料理香草

Herbs in Mediterranean Cuisine

地中海料理香草是應用很廣的香草類型，除了運用在料理上，也萃取成精油外用在身體的保養，還可以泡茶喝，幾乎是萬用。市面上可以買到的地中海香草還包括鼠尾草（Sage）、檸檬馬鞭草（Lemon Verbena）、百里香（Thyme）、各式各樣的薄荷（Mint）、天竺葵（Geranium）、奧勒岡等。這些在台灣都普遍可見，也不難種植。在院子或陽台上種個幾盆，搭配生活作息與季節，信手拈來的香藥草養生，是很不錯的方法。

許多料理用的地中海香草，多半也可以跟傳統上我們認為的料理香料搭配。例如迷迭香加上海鹽和大蒜，浸泡在橄欖油中做成香料浸泡油，就可以在料理肉類的時候隨手取用，吃西式料理的時候也可以搭配油醋沾麵

包吃，或是拌成生菜沙拉的油醋醬。我也會運用百里香、大蒜、迷迭香和黑胡椒，跟奶油與橄欖油混合一起，變成香草奶油抹醬。

泡茶的香草組合建議

▶ 迷迭香＋檸檬＋薑：活絡、專注。

▶ 迷迭香＋檸檬＋甜茴香籽：消脹氣。

▶ 薰衣草＋迷迭香＋鼠尾草＋蜂蜜：婦科保健。

▶ 迷迭香＋薄荷＋蜂蜜：消暑退火。

▶ 甜馬鬱蘭＋迷迭香：促進循環。

▶ 薰衣草＋檸檬馬鞭草＋檸檬片：沉靜平衡、放鬆助眠。

▶ 薰衣草＋洋甘菊（Chamomile）：放鬆、抗焦慮。

青澀梅子

1-3

Green Plums

　　季節交替的時候，除了容易感冒，也很常發生因為天氣溫度上升造成的身體不適。加上春天通常也是各種蚊蟲突然活躍起來的季節，燥熱感很容易變成生活上的敵人，懶得煮飯、懶得吃飯的「症頭」會開始入侵。我很喜歡在這個季節開始吃些醃漬品調理腸胃，促進食欲，也透過可兼顧呼吸道與消化道的茶飲來照顧身體。

　　經過醃漬發酵的食品，因發酵過程會產生乳酸菌、酵母菌、醋酸菌等益生菌，將食物中的蛋白質轉變成較小分子，成為容易吸收的胺基酸。乳酸菌和醋酸菌還可以通過胃酸的考驗，進入腸道，維持腸道酸鹼值與健康的菌叢。近年有許多研究探討腸道菌相與人體健康的關係，從免疫、代謝到腦神經系統都息息相關，照顧好腸道菌叢（Gut Microbiome）生態，可以維持身體諸多部位的健康與情緒的穩定。不管是要好好的吃、好好的睡、好好的排洩，腸道健康都居功厥偉。

在家自己釀造陳年 Q 梅或紫蘇梅，聽起來好像是件門檻很高的農產加工工作，但實際操作過一次之後就知道，其實沒有想像中困難。

小時候常吃阿嬤親手釀的 Q 梅，當她因糖尿病併發症辭世後，除了龍眼樹下聽阿嬤講古、看阿嬤用掉落的椰子葉製作涼扇的記憶之外，還有廚房櫃子裡留下的一小桶陳年梅。雖然年代久遠，但我卻一直記得發現阿嬤的梅子桶裡只剩下梅汁時，心裡的惆悵。

跟長工搬回台灣之後，有年春天我好像發瘋了似的，極度想念阿嬤的 Q 梅，品嚐過坊間和朋友贈送的梅子，就是沒有阿嬤的味道。於是決定自己買梅子回來釀製，果然隔年就嚐到了很接近阿嬤陳年 Q 梅的味道。有些時候可能需要的不一定是食譜，而是用傳承阿嬤血脈的我的雙手，做出來就會有思念的氣味吧！

材料

- 黃梅 6 公斤
- 二砂 3 公斤（分為 600 公克及 2400 公克）
- 鹽 900 公克
- 曬乾的紫蘇葉約 40 片，份量隨意
- 玻璃甕 1 只

步驟

1. 如果買到青梅，可以在通風處放 2-3 天繼續後熟。
2. 製作當日，將蒂頭挑掉，乾刷掉表面的髒汙，把所有梅子和鹽放在桶子裡，上下擺動、搖晃或搓揉，將梅子殺青。之後把梅子放在桶內，上面放置重物壓 2 天。
3. 第三天把壓出來的澀水全部倒出來，如果覺得梅子上面還有髒汙，可以用倒出來的澀水洗乾淨，最後確實將澀水倒乾淨。
4. 青梅放回桶子，倒入 600 公克的二砂，拌勻後用重物再壓 1 天，隔日一樣把含糖澀水全部倒出來。
5. 玻璃罐洗淨曬乾，確保沒有任何水分。倒入少許米酒搖晃殺菌之後，把米酒倒掉。
6. 以一層梅子、一層糖交疊的順序放入罐內。接下來的數日，等糖慢慢溶化之後，分次將剩餘的 2400 公克二砂慢慢加入，中間可分次加入洗淨曬乾的紫蘇葉。記得要等每次加入的糖都溶化之後再加入新的糖。等糖全部加完之後，就可以封罐，待明年開封品嚐。

紫蘇梅

/ Perilla Plums /

tips

- 製作過程掌握「不可加入生水，糖分批慢慢加」的原則。每次取梅子享用的時候，記得要用乾淨、乾燥的工具夾取，取用後立刻轉緊蓋子。

- 中藥典籍記載，紫蘇可發汗解表，用於風寒感冒、宣肺止咳，也可處理脾胃氣滯胸悶嘔吐、行氣止嘔等。撇開醫書的記載不談，取一片紫蘇葉放到嘴裡咬一咬，約莫就可體會紫蘇生津止渴的效用。現代化學藥理分析也提到紫蘇葉煎劑可有緩和的解熱作用、促進消化液分泌與腸胃蠕動，搭配解渴開胃的梅子，再適合不過。

- 爆炸熱的天氣，梅子與梅汁還有一效：加入小黃瓜、白蘿蔔、紅蘿蔔的台式醃漬小菜裡面。3-5條小黃瓜切成圓片，少許紅白蘿蔔也切丁，加2小匙鹽拌勻靜置出水後，瀝乾水分，撒上2大匙糖、3-5顆紫蘇梅和3大匙紫蘇梅汁，冷藏幾個鐘頭之後，就有入味清爽醒脾的小菜可以佐餐。

- 清明節前的梅子尚未完熟，顏色青綠，適合製作脆梅。清明後的梅子較熟，色澤轉黃，適合作Q梅和釀造梅酒、梅醋等，香氣更濃郁。

在美國讀書時，看病不僅麻煩且所費不貲。輕微感冒感覺喉嚨痛的時候，我都是去鄰近藥局買處理喉嚨痛的藥草茶（Throat Coat），主要成份就是甘草，用的是北美品種的甘草，跟我們在中藥房買到的甘草是同一家族的植物。

這種香草茶包喝完真的十分爽喉，感冒來襲的症狀也會感覺緩解。如果有機會買到生的淡褐色北美甘草纖維根，不需要泡茶，直接放到嘴裡面嚼一嚼就會有甜味跑出來，甘甜爽喉，還可以保持口氣清新。

我在網路的藥草店買到過北美光果甘草（Liquorice），用來煮茶，一小撮大概 1-2 公克，放進小鍋子，一次只煮 350-500 毫升的份量，大概可以反覆煮 4-5 次，茶湯都還會有甘甜香。中藥店的甘草是經過炮製的，喝起來帶一點中藥味，功效類似，一樣好喝。

埃及、敘利亞一帶也有飲用甘草茶的文化，從法老王的時代就有紀錄，用於身體調理，稱為 Erqesoe 或是 Erk sous 茶，現代的大馬士革街頭仍可見到攤子販售這種傳統茶飲。

tips

甘草可以緩解胃腸疼痛（平滑肌痙攣），也可以抑制過多的胃酸分泌、防止胃食道逆流，此外也有鎮咳祛痰的效用。對於發炎和過敏也有一定效果，所以對發炎的喉嚨和氣管黏膜舒緩有效。

此外甘草甜素（Glycyrrhizin）對某些毒素有解毒的功效，所以我們也常在一些坊間的解毒成藥裡面看到甘草的蹤跡，不只是為了讓茶飲或藥丸好入口而已。雖說可以解毒，不過大量食用甘草卻可能使血鉀濃度下降，血壓劇升。儘管機率很低，還是得留意。

材料

- 甘草 2-3 公克
- 其他可一起煮的香／藥草：肉桂皮或桂枝、薄荷葉、橙皮、檸檬片、洋甘菊、參鬚、丁香苞，也可依照喝茶時的季節判斷
- 蜂蜜（可不加）

步驟

1. 小湯鍋內放入約 350-500 毫升的水。
2. 加入甘草，以及想要一起煮茶的其他香料、藥草，以中小火煮滾約 3 分鐘熄火。濾渣把茶湯倒出來即可以飲用。
3. 甘草可回鍋煮 3-5 次至沒有味道為止。

甘草茶

/ Licorice Tea /

台式脆瓜

／ Pickled Cucumber ／

因為小黃瓜爽脆的口感，從小到大不管是生吃、清炒肉絲到醃漬黃瓜，我都非常喜歡。出國念書返家的時候，媽媽總不忘炒一盤小黃瓜，提醒我這是我最愛吃的台灣蔬果之一。

家裡的綠手指爸媽很會種菜，每年春末之後，各種瓜類就會源源不絕的來。有時多到吃不完，我跟弟弟一家會私下碎念：「吃到都快要變成『瓜仔面』（台語）了。」

直到自己當媽開始有經常下廚的需求，跟朋友交換食譜之後，學到了一次殲滅很多小黃瓜的方法──自製脆瓜。我加入喜愛的香料、調整成自己滿意的味道，做好裝罐送人時，就會寫上「娥之味脆瓜」，完全滿足自創品牌的虛榮心。充滿愛的禮物，送到朋友手上的時候，也臉皮很厚的收下讚嘆。

材料

- 小黃瓜 10 根
- 醬油約 200 公克
- 冰糖約 200 公克
- 白醋約 100 公克
- 米酒 50 公克
- 水約 50 公克
- 甘草 6 片
- 乾香菇 5 朵
- 昆布 1 片
- 辣椒適量

步驟

1. 小黃瓜切片備用。
2. 在鍋子內倒入醬油、糖、醋，還有甘草片、香菇、昆布等，比例參考材料列出的份量，調整到自己喜歡的甜度和鹹度，份量需可淹過小黃瓜。把醬汁煮滾。
3. 加入小黃瓜滾 5 分鐘之後撈起，用電風扇吹涼，要完全冷卻，瓜才不會變得軟爛。重複此步驟三次，第三次的時候，在醬汁裡面加入辣椒一起煮，這樣做出來的酸甜鹹平衡帶著微辣，非常好吃。
4. 最後一次撈起的小黃瓜和醬汁都放涼之後，就可以裝入玻璃罐內，冷藏保存並盡快食用完畢。

我其實不很愛吃漢堡，但有些時候為了家裡長工先生的鄉愁，我們會自己動手做漢堡，也嘗試過自己做漢堡麵包和肉排。麵包和牛絞肉都好辦，夾上美生菜與牛番茄，還有芥末醬美乃滋（可以用大蒜蛋黃醬取代，見 3-2 章），好吃得不得了。

DIY 的精神當然不會停在這裡，某回家裡瓜類盛產的時候，我興起了自己做酸黃瓜的念頭，結果發現，欸一點都不難，而不難的關鍵就在於要有台語稱為茴香仔的蒔蘿（Dill）。

材料

- 小黃瓜 2-4 根
- 水 1 杯
- 米醋 1 杯
- 砂糖 2 大匙
- 鹽 2 茶匙
- 辣椒 1/2 茶匙，切丁（可不加）
- 現磨黑胡椒粉 1 茶匙
- 切碎的新鮮蒔蘿 1/2 杯
- 大蒜 4 瓣
- 月桂葉 2 片，揉碎
- 寬口玻璃瓶一只

步驟

1. 小黃瓜切成 1/4 條狀，如果罐子是矮的，再對半切，備用。如果想要加速醃漬的速度，可以切成薄片。若是要夾在三明治裡面，也可以切成大概 6-8 毫米厚的小圓片。
2. 在量杯裡面調好水、醋、糖和所有香料（蒔蘿、大蒜、黑胡椒、鹽、月桂葉、辣椒等），攪拌至鹽、糖完全溶解。
3. 小黃瓜放進罐子，加入調好的香料醋水，蓋過小黃瓜，放進冰箱冷藏 1 小時就完成了。

做好的酸黃瓜，最長可以冷藏 2-3 週。除了夾漢堡、三明治以外，切片跟其他起司、餅乾、小點心一起擺盤上桌也很美味，夏天很熱的時候直接抓一條起來吃也有開胃的效果。

> **tips**
> - 香料醋水的量，請依照玻璃瓶尺寸和小黃瓜的切法與體積大小調整。
> - 越接近夏季就越難在市場找到蒔蘿，產季期間可以先購買處理後儲存起來。處理方法請參考 4-4 章。

西式酸黃瓜

／ Dilled Pickles ／

自製鹹蛋

/ Homemade Salted Eggs /

住在海外的時候，最懷念的味道之一，就是配稀飯的鹹鴨蛋。我最早自製鹹蛋的日子，可以回溯到 20 年前在芝加哥留學時，不知為何，中國城超市買回來的鹹蛋怎麼樣都不符合自己的口味，最後就決定自己來。查遍資料後發現原來關鍵在飽和食鹽水，開心得不得了，好像要做化學實驗似的，立刻去買空瓶子和大包裝的鹽，現在想起來仍覺莞爾。

在美國買不到鴨蛋，用雞蛋做出來的也很美味。

材料

- 蛋 12-15 個
- 鹽 216 公克
- 水 600 公克
- 八角 1 個
- 米酒或高粱酒 150 公克
- 香料（肉桂棒、月桂葉、黑胡椒、花椒、甜茴香籽等）少許
- 可密封的玻璃罐 1 只

步驟

1. 製作飽和食鹽水，水和鹽的比例大約 100：36。可以先抓好大約的量，在爐子上把水煮開，持續加入鹽，直到鹽沉澱再無法溶解為止。
2. 加入香料再滾 5 分鐘，讓香氣也被煮出來。
3. 把蛋洗乾淨擦乾，玻璃罐也洗乾淨晾到全乾。
4. 把蛋逐一刷上米酒或高粱，放入玻璃罐內，再倒入煮好放涼的香料鹽水，剩下的酒也倒進去，蓋上蓋子。要確定所有的蛋都泡到鹽水，如果容器與鹽水比例的問題使得蛋浮起，可以撕一張烘焙紙揉皺塞入，把蛋卡在鹽水內即可。
5. 記錄下浸泡的日期，大約 20-30 日之後就可以打開取出。

做好的鹹蛋可以放入電鍋內蒸熟，放涼後切開就是配稀飯很開胃的鹹蛋。也可以拿來做三色蛋、鹹蛋炒苦瓜等經典菜色。或者把蛋黃和蛋白分開，蛋黃用來包粽子或做蛋黃包，蛋白液則冷凍保存，每次取出少量做鹹蛋蒸肉，或加入茶碗蒸、台式蒸蛋，自帶香氣也很美味。

西式鹹蛋 ／Salted Eggs, Western Style／

有香料廚房的巫婆媽媽，自然也有喜愛料理的孩子，有一天熱愛鹹蛋黃的國中生很高興的通知我：「我會做鹹蛋了！」我笑說：「喔！我也會耶，那你說說看鹹蛋要怎麼做？」原來她的資料來源是歐美 YouTube 美食頻道，東西方鹹蛋黃製作方法大不同。如果目標是鹹蛋黃，這個方法是不用等一個月的捷徑，所以跟小孩交流也是可以學到很多新點子的。以下就是西洋人做鹹蛋的方式。

材料

- 蛋
- 細海鹽
- 乾燥香料細粉（迷迭香、百里香、甜茴香籽、芹菜籽等，視製作目的搭配）

步驟

1. 依照料理目的選擇適合的香草或香料，先磨成細粉。把香料細粉與海鹽混合在一起。
2. 找一個寬扁的保鮮盒，高度可以容納蛋黃即可。在保鮮盒底部鋪上大約2公分厚的香料細海鹽。用湯匙稍微做出間隔2公分的凹陷。
3. 把蛋打在碗裡，再用湯匙小心的把蛋黃從蛋白分離出來，放到剛剛做好的凹陷裡面。用不上的蛋白，可以再加幾個雞蛋做炒蛋或蒸蛋，或者做成蛋白霜、蛋白餅。
4. 蛋黃上面再鋪蓋一層香料鹽，直到完全蓋住蛋黃。保鮮盒加蓋，放進冰箱冷藏8小時或隔夜。
5. 將蛋黃從鹽堆中撈出來，這時候蛋黃應該已經變硬，而且帶著一種半透明軟糖黏黏的質地。
6. 在水龍頭下稍微把鹽洗掉，用廚房紙巾輕輕吸收掉水分，放在烤盤上。
7. 放入烤箱用60°C低溫烤到蛋黃表面乾燥，大約3小時。放進乾淨且乾燥的保鮮盒內，冷藏可放大約2-3個月。

這樣做出來的鹹蛋黃會有類似帕馬森起司（Parmesan）的氣味和質地，可以用起司刨刀輕輕刨成細絲，撒在生菜沙拉、義大利麵，或者酪梨、烤土司上面增添風味。

台味西洋風

Taiwanese Flavors, with a Twist

　　台式口味的醃漬物成份簡單，殺青的鹽少不了，其他必備的不外乎糖、醋、米酒、大蒜。糖常用的是二砂或冰糖，肉類製品會額外添加的像是白胡椒、甘草粉、五香粉、肉桂粉等，通常還有去腥味的米酒和增添香氣的紅蔥頭、香油。

　　西式醃漬的基本咖同樣是鹽、糖、醋、白酒、大蒜，額外添加的香草可能有小茴香（又稱孜然，Cumin）、鼠尾草、百里香、迷迭香等。也有些跨文化的香料，例如肉桂（Cinnamom）、丁香苞（Clove Buds）、八角（Star Anise）、甜茴香（Fennel）等等。

所以查閱食譜時，有時只要看添加的香料種類，就可約略猜出料理的文化背景，或者找到不同香料在不同國家料理透露出來的不同風情，這也是研究香料／香草很有趣的地方。

　　有時我喜歡在常料理的食物中替換或新增其他文化慣用的香料：

▶ 滷肉時加兩支迷迭香，去腥且額外添加清新的香氣。

▶ 製作青醬時以九層塔取代甜羅勒（Sweet Basil），加入麻油而非橄欖油。

▶ 煎虱目魚去腥煸薑的步驟，改以薑黃片代替。

▶ 冬季吃小火鍋熬湯底時加入香茅（Lemongrass）增添風味。

▶ 煮排骨蔬菜湯時加一片月桂葉（Laurel Leaf）。

一日之計在早餐

*The Most Important Meal
of the Day*

　　其實我不是個喜歡吃早餐的人。從大學開始，我養成了「好」習慣，睡到上課前十分鐘才從床上跳起，衝出門到校門口的麵包店買一罐鮮奶，再衝進教室剛好上課。

　　長大（笑）後當人家的另一半和母親，才開始有準備早餐這件事情。不過家裡有個早餐控長工先生，經常掛在嘴上的就是「早餐是一天當中最重要的一餐。」（Breakfast is the most important meal of the day.）既然他自己是個愛吃也愛煮的人，就理所當然的把早餐交給他負責了。

　　這十幾年來我們定居台灣，長工最思念的食物，第一名應該就是道地又豐盛的美式早餐。炒蛋、自製早餐香腸等都難不倒他，而且這位大鬍子主廚還會在假日早起烤比司吉（Biscuit），用新鮮香草香料醃製西式早餐香腸，再用小份量的香腸做出肉汁醬（Gravy）來沾比司吉一起吃。

　　西式的早餐裡也少不了各種香料和香草，這一章要介紹的，就是我家假日會出現的豐盛早餐。

早餐內容包含地獄廚神炒蛋、
培根、比司吉、黑胡椒肉汁醬

地獄廚神炒蛋

/ Hellishly Delicious Scrambled Eggs /

西式早餐裡面一定會有的蛋，有的時候我們喜歡吃太陽蛋（Sunny Side Up），有的時候則要吃炒蛋。但習慣台式炒蛋要先打蛋而且要把蛋煎熟的我，在吃到溼溼軟軟綿密西式炒蛋的時候，總感到狐疑，不知道這樣的蛋是怎麼做出來的。自己揣測過以中小火慢慢的煎，還是做不出那種質感，直到我們看到地獄廚神戈登‧拉姆齊（Gordon Ramsay）的炒蛋。

第一次看影片的時候，其實還是不怎麼買單——不但不用先打蛋，而且是在爐子上用刮刀不停的攪拌，也實在太麻煩了。有一天我家長工說：「好喔，給地獄廚神一個機會。」（哪裡來的自信）不料一試便成主顧，連續好幾個週末都非得來盤炒蛋配土司不可。

此外一定要強調的是蝦夷蔥，雖然沒有它也可以做成口感絕佳的炒蛋，但是在起鍋後撒上細細的蔥花，熱蒸氣催化出不若台式蔥珠般嗆辣的溫柔蔥香，早餐立刻升級成五星級飯店檔次。真心推薦大家去花市買一盆蝦夷蔥，擺在伸手可得的廚房陽台邊，隨興取用。

材料

- 蛋6個
- 奶油2大匙
- 鹽少許
- 黑胡椒少許
- 法式酸奶油（Sour Cream）
  或鮮奶油1大匙（可省略）
- 蝦夷蔥2小匙，切細

步驟

1. 把蛋打入一個有些深度的平底鍋裡面，加入奶油，蛋和奶油的比例是2：1。

2. 直接開大火，一邊加熱一邊用矽膠刮刀攪拌鍋內的蛋與奶油混合液。不是「打蛋」，而是從鍋底一次又一次的刮起拌入。

3. 每30秒就把鍋子從爐子上面移開，繼續攪拌約10秒鐘再放回爐子上，如此持續刮／攪約3分鐘左右。移離爐火的目的是為了避免蛋太快被煮熟，才能做出微微溼潤、鬆軟又均勻的口感。

4. 最後撒上少許鹽和胡椒，可另外加入1大匙法式酸奶油（Crème fraîche），增加口感。我家冰箱很少有法式酸奶油，但偶爾會剛好有鮮奶油（Whipping Cream 或 Heavy Cream），可在此刻加入1小匙，增添奶油香氣，並且可以延遲蛋煮熟的時間，維持溼潤口感。

5. 最後把炒蛋盛起裝到盤子上，撒上切細的蝦夷蔥。

比司吉 | Biscuits

　　比司吉是另一項我以為萬分困難其實卻很簡單的早餐料理。烘焙相關事務在我家廚房通常屬於長工的部門，但除非是事前先烤起來的麵包，否則早餐比司吉通常也交給他處理。

　　比司吉的材料十分單純，長工做菜從不照食譜，但是有幾個祕訣掌握到了，也就這樣一路烤了好多年的比司吉。第一是牛奶和奶油都必須是冰的，最好是拌好乾料再把這兩項從冰箱拿出來加入。第二是雙手在常溫下操作的時間越短越好，奶油越冰、切得越細越好，可以先用刨刀把冰凍的奶油剉成細絲再拌入。第三就是快速拌成麵團之後不要過度操作以免出筋。掌握這幾個要點，成功在望。

材料

- 中筋麵粉 2 杯
- 糖 1 大匙
- 無鹽奶油 6 大匙
- 泡打粉 1 大匙
- 鹽 1 茶匙
- 全脂鮮奶 3/4 杯

步驟

1. 奶油先放進冷凍庫約 20 分鐘。烤箱預熱至 220°C。
2. 在攪拌盆內量入麵粉、泡打粉、糖和鹽，攪拌均勻。
3. 把奶油從冷凍庫拿出來，用刨絲器把需要的奶油份量剉成細絲狀，「切」入麵粉內，直到變成包覆著麵粉的小細粒狀。
4. 加入牛奶，攪拌成團即可，不要過度攪拌，以免攪出筋性。
5. 在桌面撒上麵粉，將麵團放到桌上。用雙手將麵團揉捏成長方形，輕輕將麵團壓扁後對折。轉 90 度後再次輕輕壓扁、對折，重複此步驟 5-6 次，這樣會讓烤出的比司吉有層次感。
6. 雙手將麵團壓成大約 1 吋厚度，用大約 6-7 公分直徑的圓形餅乾模或水杯切出一個一個的比司吉麵團。把切剩下的麵團再輕輕捏擠成團，重複操作至麵團都切成比司吉的形狀。切好的麵團分別排在鋪了烤盤紙的烤盤內，麵團之間預留 2 公分左右的間隔。
7. 放入烤箱烘烤大約 12 分鐘，直到表面成金黃色即可取出。可以在比司吉表面擦上一點奶油增加香氣。
8. 烤好的比司吉可以暫留在烤箱內保溫，等肉汁做好，香腸也煎好再取出一起上桌。

黑胡椒肉汁醬 | Black Pepper Gravy

在西餐桌上，鹽與黑胡椒就像情侶，永遠成雙成對的出現。鹽是提味的重要調味料，可以讓食物帶有鹹味而容易入口。黑胡椒則在歷史上的貿易廝殺之後，價格下降，從貴族奢華料理的必備香料，進入尋常百姓家成為日常調味品；辛辣甚至微嗆的氣味，放得剛剛好的話，完整搭配食材原本的香氣。

早餐的比司吉淋上黑胡椒肉汁醬，與奶油香氣共舞。吃完這飽滿的一餐，幾乎就可以懶鬆鬆地度過週末一整天，不需要再忙著張羅午餐了。

材料

- 奶油3大匙
- 早餐香腸肉約1杯
- 牛肉或雞肉高湯1杯
- 麵粉3大匙
- 黑胡椒粒4大匙
  （可搭配其他顏色的胡椒粒，變換香氣）
- 鮮奶油1杯
- 白蘭地2茶匙
- 海鹽1茶匙
  （自行調整鹹度）

步驟

1. 把胡椒粒壓碎或磨碎，備用。
2. 小煎鍋內加入1大匙奶油和早餐香腸肉，炒熟後盛起備用。
3. 加入2大匙奶油，加入壓碎的黑胡椒或胡椒粉和鹽，小火拌炒把胡椒的香氣逼出來。然後加入麵粉，攪拌均勻，直到麵粉與奶油充分混合，沒有細粉沾黏在鍋邊。
4. 小火煮約兩分鐘，消除麵粉的味道後，拌入炒好的早餐香腸肉。
5. 倒入高湯、鮮奶油與白蘭地，再煮約5分鐘，到醬料開始變得濃稠但還不會沾鍋的程度。熄火，裝到碗內上桌，要吃的時候自行取用。

如果有當餐未能食用完畢的黑胡椒肉汁，收起冷藏，隔日煎個簡單的雞排、里肌肉或奢華一點的牛排，把醬汁加熱後淋上去，就是輕鬆省事的一餐。

tips

早餐香腸的作法見下一頁。準備早餐時，可以先製作香腸，將醃肉送進冰箱冷藏後，再開始製作比司吉。

早餐如果沒有培根，至少也得要有香腸。香腸乍聽似乎不像是可以在家自製的食物，但在媽媽飛去舊金山幫我坐月子時，示範了自製台式口味的香腸肉排之後，我就覺得好似被打通任督二脈，懂了關於醃肉的一二。

身在異鄉窮則變、變則通的台式香腸，是絞肉裡添加了鹽、五香粉和米酒、高粱或紹興，攪拌醃漬冷藏隔夜後，做成漢堡肉排，下油鍋煎熟就可以。沒有腸衣的香腸肉排，配飯也很有滋味。

返台定居後，當然就逆向操作改製西式的早餐香腸。搜尋記憶裡的氣味，反推斟酌可能添加的香料與比例，拌入絞肉，就可在家享受早餐香腸。一樣可以選擇灌入腸衣，做成細瘦早餐香腸，或者以輕鬆上手為原則，煎成早餐香腸肉排。

材料

- 豬絞肉約600公克
  （肥瘦比例約1：4）
- 鹽2茶匙
- 糖1大匙
- 現磨黑胡椒1又1/2茶匙
- 新鮮鼠尾草2茶匙，切細
- 新鮮百里香葉2茶匙，切細
- 迷迭香1/2茶匙，切細
- 肉荳蔻粉1/2茶匙
- 卡宴辣椒粉1/2茶匙
- 甜茴香籽1/2茶匙，
  碾碎或磨粉

步驟

1. 把絞肉和所有的調味香料攪拌在一起，確實攪拌均勻之後，裝入保鮮盒，放入冰箱冷藏。醃製約1小時即可，但若可以冷藏隔夜會更入味。

2. 取出一小團醃好的香腸肉，用手壓扁成大約直徑4-5公分、厚度2公分的圓餅，放入平底鍋以中小火慢慢煎到微焦黃，內部也已經煎熟，大約10-15分鐘。

香腸肉不要全部煎完，記得留1杯加入前一頁的黑胡椒肉汁醬中。

早餐香腸 ╱Breakfast Sausages╱

騙人培根

／Homemade Bacon／

講到早餐，沒有培根就感覺很掃興，但台製的培根吃起來總是少了什麼，美式大型量販店的厚切培根一直是我們的最愛。不過搬家離賣場遠了些之後，不再有源源不絕的培根，只好開始自己想方設法。後來找到了一個只需要買到五花肉就可以自製，且勉強有幾分樣子的騙人培根（笑）。

正統培根的作法，是以五花肉先醃漬、風乾、再煙燻的繁複工序製作而成。一般家庭要挑戰自製培根稍嫌難度高了一點，也得留意生肉醃漬的保存問題，避免細菌滋生。煙燻這個步驟對一般家庭是最困難的，不過只要找到「煙燻液」（Liquid Smoke）這個商品，可以直接刷在肉品上面，跳過煙燻步驟，輕鬆搞定。

以下提供的這個「以假亂真」培根，不需要繁複工序，大概 2 小時內可以收工，建議在週末一次多做一些保存備用。

材料

- 去皮五花肉 1 斤，
  請肉販切成 0.5-1 公分厚
  的肉片
- 鹽 2 茶匙
- 黑胡椒 1 茶匙
- 匈牙利紅椒粉 1 茶匙
- 威士忌 1 大匙
- 煙燻液 1 大匙（可省略）

步驟

1. 烤箱預熱至 200°C。
2. 烤盤鋪上烘焙紙，培根一條一條鋪排在烤盤內，刷上威士忌與煙燻液，再撒上鹽和香料。送入烤箱烘烤大約 50 分鐘之後，取出烤盤把培根翻面，並倒出烤盤上累積的豬油，收作其他料理運用。
3. 將培根再次送入烤箱，繼續烤 30 分鐘，或是培根呈金黃色就完成了。

每次製作培根可以多做一些，備用的部分不要烤到焦黃，冷藏在冰箱，週間要吃早餐的時候，取出來烤箱加熱 10 分鐘至金黃香脆，就有培根可吃。不過做好的培根通常當天就會被當成零食吃光光，如果你家也跟我家一樣，就當我沒提備用這件事情好了。

芝麻葉（Arugula）又稱箭生菜，是我在美國相見恨晚的沙拉菜種之一。帶點苦苦辣辣很有勁的芝麻葉，不是芝麻的葉子，而是十字花科的一種香草、蔬菜。老外大部分用來做沙拉，因為帶點苦味，多半會搭配其他生菜。

我還住在舊金山的時候，受邀到小義大利的知名餐館參加餐廳關門後的主廚趴踢，吃到畫龍點睛的芝麻葉起司披薩（Arugula Cheese Pizza），回想起來覺得這是人生吃過最吮指回味的一次披薩了。

回台灣後發現熟悉的香草苗圃在冬季會提供芝麻葉小苗，我也陸續種過好幾盆。不過十字花科的蔬菜，是紋白蝶幼蟲（菜蟲）的最愛，牠們吃掉芝麻葉的速度比人類快，最後我通常投降，改到市場販售特殊生菜的攤販去訂購。如果有足夠的芝麻葉，搭配堅果和帕馬森起司、橄欖油、少許海鹽，打成芝麻葉青醬，也是無敵好吃的另類青醬，非常推薦。

把芝麻葉沙拉放在早餐這一章，是因為從第一道料理看到這裡，你應該有發現，每一種食物不是充滿了動物脂肪就是澱粉，得搭配些綠色纖維平衡味蕾，尤其是苦苦的、對心血管健康有助益又助消化的芝麻葉沙拉。

材料

- 芝麻葉
- 橄欖油1大匙
- 紅酒醋1大匙，或巴薩米可醋、有機蘋果醋、自製的火辣蘋果醋也可（見 4-1 章）
- 黑胡椒粉1小匙
- 其他可添加的材料：芥末醬、蜂蜜、迷迭香、楓糖、檸檬汁、大蒜、地中海香草
- 玻璃罐1只

步驟

1. 橄欖油、紅酒醋和胡椒粉放進玻璃罐，蓋上蓋子用力搖一搖，就是油醋醬。想要帶點甜味的可以加些蜂蜜，也可以加1/2匙芥末醬，看各人喜好。
2. 將芝麻葉夾到早餐盤上，取油醋醬淋上即可。

芝麻葉沙拉 ╱Arugula Salad╱

西洋早餐裡的香料

Herbs in Western Style Breakfast

　　多年前還在美國念書的時候，我跟實驗室的美國人與國際研究生討論各國文化的特色料理。講到道地的美國飲食（American Cuisine），我們從披薩、漢堡、三明治，再到薯條、可樂，感恩節火雞全餐等，大家都沒有共識。最後我的好朋友說，美國這個文化大熔爐包容了很多文化的食物，其實很難歸納出哪一道菜才是美國料理；認真要說，美國飲食應該是奶油、鹽加黑胡椒，其他的東西都只是「載體」而已。

　　我當「煮婦」多年之後，覺得這話真的很有道理。但如果純粹只有共通的鹽、奶油、黑胡椒，食物不免顯得單調無趣。因此香草香料就成了變化風味的「神來一筆」。翻翻本書提到的各種西式料理，真的是少不了奶

油、鹽和胡椒。而早餐的各食譜裡面，添加的香草和香料，通常也跟感恩節大餐有些共通性。

▶ **鼠尾草**：氣味有點濃烈，台灣人跟它不太熟，一點點就很香，香腸與烤雞必備。

▶ **迷迭香**：烤雞、醃肉，或者只是加一支在水壺裡面提振香氣。

▶ **百里香**：殺菌防黴，適合醃肉、煮海鮮料理使用，泡茶也不錯。

▶ **匈牙利紅椒粉（Paprika）**：帶煙燻味的紅椒粉，不辣，甚至帶點甜香，為食物上色很好用。

▶ **甜茴香**：甜茴香籽磨粉加到早餐香腸裡，立刻有義大利風。燉牛肉的時候也會用到。

▶ **卡宴辣椒粉（Caynne Pepper）**：以辣度較高的辣椒磨粉調製而成，辣度中等，常用來醃漬香腸，肉類，撒在炒蛋、海鮮、西式蛋捲或各種起司焗烤上面，增加色彩與食欲。

夏長

Summer

2-1

Litsea Pepper
and Peppercorns

　　現代人的餐桌上少不了鹽和黑胡椒，不過小時候還沒吃過西餐的我，跟白胡椒的感情比較好。我家的孩子則是因為有個台美混血的長工爸爸，從小就知道黑胡椒卻怕辣，小學高年級突然開竅願意吃辣，並且愛上白胡椒粉。

　　生活裡面大家都跟黑胡椒很熟悉，我自己則是在進入「比較高級」的西餐館之後才認識紅胡椒和綠胡椒。台灣原住民特有的山胡椒馬告，則要到我學習西洋的芳香療法之後，才知道芳療上稱為山雞椒精油（*Litsea cubeba*）的原料，其實就是馬告。

　　雖然都稱為胡椒，不過白、黑、紅、綠胡椒都來自於胡椒科胡椒屬多年生的木本藤蔓植物，植株種下約 3 年後會開始結果，每株胡椒植株的莖上可以長出 20-30 根穗條，開花成螺旋狀排列，果實成熟後，逐漸成熟的胡椒穗條長度約 7-15 公分。胡椒收成之後，經過不同的後製流程，可以做成各色胡椒。

馬告／山胡椒

黒胡椒

馬告（又稱山胡椒）則是生長於樟科山胡椒樹，帶著檸檬清香。名有胡椒、長得像胡椒，跟黑胡椒氣味卻大不相同。在台灣，從海拔 100-1500 公尺的山坡上都可見馬告。

　　馬告從樹上摘下後直到曬乾，都散發出檸檬與香茅結合的美妙香氣。我曾經帶學生芳香旅行到南投山上蒸餾馬告精油，從採集到壓破果實入蒸餾槽的過程，蚊子不敢靠近一步。農場除了蒸餾純露與精油，還以自產的馬告委託肉販灌香腸。香氣十足的馬告香腸，從冷凍庫拿出來，還沒進烤箱就散發出陣陣香味，是能量飽滿的食物帶給鼻子的豐盛回饋。

　　在泰雅族語裡，馬告的意思是綿延繁衍、生生不息。泰雅族與賽夏族人用它來消除宿醉引發的頭痛和身體痠痛，泰雅族人更用以提振元氣及料理去腥。中藥典籍中馬告又稱為山蒼子或畢澄茄，功效是溫中止痛、行氣活血、平喘利尿。有書籍記載：「山蒼子味辛、微苦，性溫，有驅風散寒，理氣殺蟲解毒之效。」一句話道盡馬告的特性。

　　馬告繁複的香氣，一顆小小種子抵過數種香氣調味料。清爽的氣味可促進食欲，減輕消化道負擔。現代研究也指出馬告的香氣可抗焦慮、抗發炎，也有很好的抑菌活性，不妨多嘗試運用。

馬告雞湯

/ Litsea Chicken Soup /

如果說「生命自己會找到出路，受傷的動物自己會找到解藥」，現代人雖然距離大自然遠了一點，但還是保留著某些本能。

例如我家鼻竇炎體質的國中生，自從喝過馬告雞湯後，每次遇到感冒或流感中獎請假，帶著滿滿的鼻音回到家，在媽媽問想吃些什麼的時候，答案十次有九次是" Litsea chicken soup "（馬告雞湯）。在媽媽下廚料理之後，自己把熬好的高湯裝進馬克杯，包著棉被捧在手心，暖暖的喝上一杯。

材料

- 新鮮或乾燥馬告籽 2 小匙
- 薑 4-8 片
- 土雞 1/2 隻剁塊
- 鹽少許
- 香菇數朵

步驟

1. 煮一鍋熱水，汆燙雞肉去血水。
2. 另起一鍋水，放入所有材料，蓋上鍋蓋，中小火煮約 30 分鐘就可以開始喝湯了。
3. 如果要吃雞肉，不要煮太久，見雞肉已熟且不至於軟爛就可關火。如果目的在熬湯佐馬告香氣，喝湯補充水分，熬煮過程可以陸續加 1 碗的水 1-2 次。

tips

我家習慣去傳統市場買雞胸肉或雞腿排，請肉販代為去骨。帶回家的骨頭收在冷凍庫，遇有需要補一下元氣的時候，就可以拿出雞骨頭來熬馬告雞湯。小朋友喝暖暖的湯，媽媽愛啃骨頭追劇，各取所需剛剛好。

另一個利用馬告入菜享受清新香氣的好方法，是用馬告做醉雞。傳統醉雞主要是以紹興或是花雕，浸泡塑成圓筒狀後蒸熟的雞腿肉捲，並且加入枸杞、紅棗、當歸、黃耆等中藥材。每次去參加喜宴，我跟長工都非常喜歡這個清爽帶著酒香的涼菜，也在家裡試著做過一、兩次。因為小朋友不很喜歡酒味，只好放棄。後來有機會買到鮮採的馬告胡椒粒，開始學習用新朋友入菜，才想到也許可以用這個帶著檸檬香的胡椒來襯托這道涼菜的氣味，也適合夏季需要理氣開脾胃的需求。

材料

- 去骨雞腿4支
- 米酒1大匙
- 鹽3-5小匙
- 白胡椒粉少許
- 薑4-6片
- 蔥4大支，切段
- 馬告胡椒粒1大匙
- 紹興酒2杯

tips

不用棉繩，改用鋁箔紙捲起雞肉，形狀會更漂亮。但是要記得在鋁箔紙上戳洞，方便蒸雞時讓蒸氣與蔥、薑的香味進入，也會比較快熟。

步驟

1. 去骨的雞腿洗淨擦乾，米酒、鹽和白胡椒粉混合均勻後，均勻抹在雞肉上。
2. 雞腿排攤平，帶皮的那面在底下，把雞腿排捲成圓筒狀，用棉繩綁好，放入盤內，擺上薑片和蔥段。
3. 炒鍋放入蒸架，把雞肉盤放上去，鍋內放1又1/2杯水後蓋上鍋蓋蒸約半小時後熄火，不掀蓋再燜半小時。（也可以用大同電鍋蒸雞肉。）
4. 取出蒸好的雞腿放涼。
5. 小鍋子放入少許水、1大匙馬告胡椒粒和1小匙鹽，小火滾煮約10分鐘，把味道煮出來，關火再倒入紹興酒。放涼後放進雞腿捲，至少浸泡一整天，隔日就可以切片食用。（雞肉捲最好整條浸入湯汁，所以份量請依照自己的容器增減。）
6. 不喜歡酒味的話，可以改成只用水加鹽，變化成馬告鹽水雞也可以。

馬告醉雞

/ Litsea Drunken Chicken /

三色胡椒

/ Peppercorns in Colors /

胡椒的果實在不同時間採摘，經過不同加工方式，就會成為黑胡椒、台灣人熟悉的白胡椒，還有比較少見的紅胡椒和綠胡椒。

- **黑胡椒**：胡椒藤上還未完全成熟的時候就採下來，此時果皮仍是綠色，水煮洗淨乾燥之後，因為熱水破壞了果實的細胞壁，使漿果的果皮褐化。繼續曬太陽或透過機器烘乾，果皮皺縮變黑，就是黑胡椒。這是餐桌上最常見的胡椒類型，連皮帶籽的黑胡椒粒，除了辛辣度高一些之外，氣味的層次也比較豐富。約占產區總出口量的 80-85%。
- **白胡椒**：取自完全成熟的漿果，果皮已經變成紅色，黑色漿果浸泡後，果肉果皮鬆軟腐爛。把殘留的果肉摩擦乾淨，露出白色的底層，加以乾燥後就成為白胡椒。約占胡椒總出口量的 15-20%。
- **綠胡椒**：製作方法與黑胡椒相同，取未完全成熟的綠色漿果，直接進入冷凍或脫水，或經過鹽水或醋的醃製之後做成，氣味跟黑胡椒相比之下溫和許多。約占總出口量 1%。
- **紅胡椒**：採收已成熟的胡椒，乾燥不去殼，就成為紅色胡椒，吃起來也自有風味，帶一點點甘甜。是四種胡椒粒裡面產量最低的。

雖然是同一株植物產出的胡椒粒，氣味各自有各自特色，有機會買到綜合胡椒粒的話，不妨把各色胡椒粒分別挑出來，細細品嚐風味差異之處。

我們家的操作方式則是直接購買各色單品胡椒粒，再依比例混合裝入胡椒罐。因為黑胡椒產量最多，辛辣度與風味具足，價格也比較便宜，通常我會以黑胡椒：其他各色胡椒 3：1 的比例混合裝入研磨罐，你也可以操作實驗看看哪種比例最能滿足你的味蕾。

另外就是留意胡椒粒的新鮮度，盡可能在要使用之前才研磨，所以研磨罐也不需要買太大的。香料的氣味來自內涵的精油成份，我們都知道精油不使用的時候要蓋緊，所以香料不用的時候，也記得要密封放在陰暗處保存，避免香氣隨著時間的流逝而變質。

促循環的胡椒家族

Black Pepper, the Activator

　　在餐桌上如此普及的黑胡椒，卻是引發香料戰爭的香料之一。在羅馬帝國時代，就有食譜書記載胡椒為烹飪料理中常見的成份。中國歷史上在唐朝時期開始有黑胡椒大規模輸入，歷史上還有宰相貪汙抄家，查出贓物胡椒八百石的故事。印度人用黑胡椒當香料，也運用在醫療用途中，例如在阿育吠陀療法中被拿來退燒（因為黑胡椒讓身體溫暖發汗），也可以處理消化道相關的問題，像是消化不良、脹氣、腹瀉和便祕等。

　　在諸多文化的醫書中記載了胡椒的功效，中醫則是使用黑胡椒治療寒疾、失眠、關節痛、反胃、嘔吐、水瀉、冷痢等症狀。

　　胡椒的辛辣氣味主要來自黑胡椒鹼（Piperine），在

胡椒的果皮和種子裡面都有，料理添加黑胡椒之後，吃了身體發熱發汗。不少芳香療法的配方以黑胡椒精油稀釋做成按摩油，促進局部血液循環，達成循環暢通的功效，去瘀青血腫，幫助緊繃肌肉放鬆，尤其是長期壓力下造成的背痛與肩胛酸痛。

除了促進循環之外，黑胡椒還可消解脂肪，因此減肥的按摩油配方也會見到黑胡椒的身影。所以除了料理時添加黑胡椒，我也常建議冬天容易手腳冰冷的族群，尤其是老人，運用黑胡椒精油低劑量稀釋在按摩油裡面，塗抹按摩之後再泡腳或泡澡，可以促進循環，提高新陳代謝率。

除此之外，黑胡椒鹼具有抗氧化、抗癌、抗發炎的活性，還可以提高其他藥草（例如薑黃素〔Curcumin〕和白藜蘆醇〔Resveratrol〕）的生物利用率，讓草藥中活性成份的效用都更提高一些。所以下次煮湯只要不影響整體氣味，都撒上一點黑胡椒吧！

羅勒、打拋葉、九層塔

2-2

Basil, Thai Holy Basil,
and Taiwanese Basil

　　九層塔是我從小到大都很愛的氣味，家裡有院子，自有記憶以來好像就有九層塔的存在。開花時一層一層輪生疊上去，自己望文生義，想必是那花開的樣態得到的命名靈感。

　　相傳古時皇帝出巡遇洪水，受困於荒廢的九層高塔樓中，不得已摘取簷上青草充飢，不料田野香草風味絕佳，便帶回宮中栽種，因此命名為九層塔。鄉野傳奇聽起來有一點扯，就當飯後閒談材料好了。

　　記憶裡的九層塔氣味，從九層塔煎蛋、三杯雞、蛤蠣湯、鹽酥雞到煮海鮮都有。煮虱目魚湯的時候，除了蔥、薑之外也丟一、兩段一心二葉的九層塔提味，真心推薦。

　　長大後接觸到西洋九層塔——甜羅勒，同樣是常運用在海鮮相關的料理，或者烤披薩的時候加幾片，例如最簡單美味的瑪格麗特披薩，少了那幾片羅勒，氣味就不足。熱愛九層塔如我，最驚喜的是竟然可以直接將大把的甜羅勒打成青醬，做蛤蠣義大麵或當沾醬。你應該猜得到，到餐館吃義大利麵，我十次有八次是點青醬。

打拋葉

另外一個大家應該也耳熟能詳的羅勒品種，就是泰國打拋葉。「打拋」一名來自泰文音譯，用英文拼寫就是Kaphrao，發音聽起來比較像「嘎拋」。這是另一道我會想辦法在自家餐桌重現的菜色，用打拋葉，或稱神聖羅勒（Thai Holy Basil）加入各種熱炒的下飯菜色。我們最熟悉的是打拋豬或雞，但其實牛肉或其他蔬食材料的熱炒菜色都可以添加。

　　除了這幾種之外，我還嘗試種過泰國羅勒（Thai Basil）和紫羅勒（Purple Basil）。羅勒品種並不僅限於此，如果有緣在花市遇見，不妨邀請各家族九層塔進駐家中菜園。

　　許多研究指出，九層塔、神聖羅勒、甜羅勒這個家族的藥草可以幫助提振活力、促進消化、抗感染和降壓、緩解頭痛。不僅如此，九層塔葉子切碎後煎蛋還可以去瘀。

　　早年台灣農家貧苦，小孩也要扛扁擔挑水，孩子不懂如何使力，常常瘀傷，所以在醫療資源不足的年代，九層塔煎蛋便成為媽媽的食療化瘀良方。藥草書中提到九層塔「全株具疏風解表、化溼和中、行氣活血、解毒消腫之效」看起來蠻有幾分道理。

　　另外從精油的化學成份推敲，綠骨和紅骨九層塔主要的成份是艾草醚（Estragole）、沉香醇（Linalool）、1,8-桉油醇（1,8-Cineole）與丁香酚（Eugenol），熟悉芳香化學的朋友們大概可以看出來，這些成份各具療效，包括緩解疼痛與消炎。

　　不管是三杯雞或九層塔煎蛋，在有化瘀行氣血需求的時候，不妨就讓九層塔在餐桌上助你一臂之力吧！

三杯雞是台灣餐桌常見菜色，家裡小孩搞笑問過我，三杯雞不是只有三杯，為什麼煮起來一大盤？或者三杯是一人一杯嗎，我們有四個人怎麼夠吃？

三杯的意思是一杯麻油、一杯醬油、一杯米酒，關鍵醬料1：1：1的意思，當然還會加上其他的香料，例如薑片、辣椒、蔥段、大蒜等。

這裡提供忙碌的煮婦一小時內快手料理一餐的簡單版，一般三杯雞用的多是切塊雞肉，帶骨所以料理時間較長，改成雞胸肉丁，快熟又不用啃骨頭。我通常選擇去黃昏市場雞肉販購買去骨雞胸肉，骨頭留下另日熬湯，雞胸肉請肉販切丁，或者回家後自己處理。

切丁的雞胸肉先抓點油和鹽醃過，即使只有10分鐘，也會讓雞胸肉變得較軟嫩，稍稍縮短料理時間。另外，三杯雞的麻油、醬油、米酒如果真的加足三杯，沒有考量雞肉份量，可能就會出現過鹹或醬汁過多的問題。如果喜歡醬汁拌飯就沒有問題，但主要記得三杯的意思其實是這三種醬料1:1:1，氣味平衡剛剛好。

九層塔香氣濃厚，但久煮顏色褐化不美，香氣也會揮發散去，所以通常我會留一半，或全數留到最後，在起鍋前才加入，立刻熄火攪拌，保留濃濃的九層塔鮮味香氣，吃起來更下飯。

材料

- 雞胸肉2個，切丁
- 老薑1大段，切片
- 辣椒2根（可不加）
- 大蒜6瓣
- 九層塔1大把
- 麻油3大匙
- 醬油3大匙
- 米酒3大匙
- 鹽1小匙
- 糖2小匙

步驟

1. 切丁的雞胸肉先用1大匙麻油和少許鹽抓一抓，備用。醃過的雞胸肉比較嫩，煮起來不那麼柴。

2. 炒鍋內放入麻油，加入薑片和大蒜，小火煸出香氣之後，加入辣椒，繼續煸香。

3. 放入雞肉，翻炒至表面開始有些金黃，倒入醬油、米酒和糖，攪拌均勻後加蓋煮約5分鐘。

4. 確認雞肉煮熟後，開大火將湯汁略微收乾，再加入九層塔迅速攪拌，炒勻立刻熄火就完成了。

三杯雞 / Three Cups Chicken /

印象中每次去泰國餐館，常點的除了綠咖哩、檸檬魚之外，打拋豬應該是最常吃的了。遇到打拋豬，即使當時正進行低醣飲食，減少飯量，當場都還是會把這一天當成例外，好好享受酸、辣、香的打拋豬口感，配上白飯平衡香氣非常剛好。

打拋豬的調味料與香料組合，換成雞肉、牛肉、豆乾、蔬菜都很好吃，就像台式熱炒必定要以蒜頭或蔥芡芳炒菜、炒肉絲，換成打拋葉與其他泰式調味品組合，就是下飯的打拋料理了。

材料

- 豬絞肉300公克
- 大蒜2瓣
- 紅蔥頭2顆
- 辣椒2小條（不吃辣可省略，但很建議加一點）
- 打拋葉1小把
- 醬油2小匙
- 魚露1/2匙
- 檸檬1/2顆，搾汁備用
- 糖1小匙

步驟

1. 醬油、醬油膏、魚露、檸檬汁和糖先在小碗中混合備用。
2. 起油鍋，放入拍碎的大蒜和紅蔥頭、辣椒爆香。
3. 加入豬絞肉，開大火持續攪拌。
4. 絞肉顏色漸漸變白時，加入步驟1調好的醬料，繼續攪拌。
5. 持續拌炒到湯汁漸漸收乾，關火加入打拋葉，攪拌至葉片熟軟就可起鍋，配白飯吃，超開胃。

打拋豬肉

／Thai Basil Pork／

松子青醬

/ Pesto Sauce /

"Pesto"在義大利文原指磨碎、擊碎的意思，跟"Salsa"（莎莎）這個字本來就是「醬料」的意思一樣，在食物流傳的過程中失去了原意。所以義大利青醬（Pesto）原本是指用杵和臼（研磨缽）把材料壓碎混合製成的醬。現代科技進步，廚房裡多出很多道具，製作青醬的方式漸漸被電動食物調理機或攪拌棒取代。這份食譜我用傳統的杵和缽研磨方式來寫，但也可以把所有材料放入調理機攪拌。

因為敲打的方式會破壞大蒜和羅勒葉的細胞壁，釋放出更多香氣，所以用杵敲研磨的方式製作出來的青醬會更好吃。如果家裡沒有工具，很推薦去餐具五金百貨店買一個廚房專用的研磨缽。

另外，青醬其實不一定非得用松子和羅勒葉。近年來松子價格漲很多，我用過核桃、巴西堅果來製作青醬，也曾經把羅勒換成芝麻葉。重點是使用具有辛香氣味的香料葉，搭配氣味相投的堅果和適當比例的鹽、起司、橄欖油（或其他植物油），用自己容易取得的材料，就可以實驗出各種不同風味的青醬，我在國外看過菠菜和蒲公英葉青醬。

在台灣，我有熟識的專業醬人，除了追溯食材來源之外，也發揮新意以麻油和台灣九層塔做出台式口味三杯青醬。我們家的孩子用它來拌麵、拌飯、塗在土司上當早餐，覺得風味十分合宜。當手邊沒有九層塔又想吃三杯的時候，這罐醬料就可以適時代打。

材料

- 大蒜2瓣
- 松子（或其他堅果）30公克
- 塞滿的羅勒葉2杯
- 帕馬森起司粉60公克
- 橄欖油150-200毫升
- （粗）鹽少許

tips

如果一次做的份量比較多，打算裝瓶冷藏日後使用。將所有青醬裝入保鮮盒或玻璃空瓶之後，再倒入少許橄欖油，阻絕青醬與空氣的接觸，避免氧化，鮮綠的顏色可以維持比較久。

步驟

1. 松子放入缽內，搗攪壓碎，接著放入大蒜，繼續敲打壓碎。
2. 加入一部分的羅勒葉和少許鹽，持續搗碎，鹽會幫助破壞羅勒葉的組織。羅勒葉逐漸成泥狀後，繼續把剩餘的羅勒葉分批加入搗碎，變成泥狀。這部分會花些時間和蠻力，要有耐心。
3. 加入帕馬森起司粉和橄欖油，用畫圓的方式研磨攪拌均勻，直到有點乳化的感覺就可以了。
4. 嚐嚐味道，決定是否需要再加點鹽調味。這樣就完成了。

羅勒、九層塔香氣比一比
Basil Family Around the World

　　人類以文字描述氣味的能力是極為有限的。吃到或聞到氣味的時候，我們可以很明確的辨別檸檬與柑橘之間的差別、玫瑰與茉莉的不同。但是要跟從來沒有聞過茉莉花香的人描述茉莉的幽韻香氣，真是無敵困難。同類型的植物香草，因為產地而造成的品種不同，氣味也會有所差異，有些一聞可區分，有些則要仔細琢磨。香氣不同，功效也就有些微差異。

▶ **熱帶羅勒（九層塔）**：葉片較小，葉尾尖尖，顏色可能比較深，帶點霧面的感覺。氣味辛辣強勁，帶有類似茴香、丁香苞的香料味。芳香主成份是醚類，可以阻斷神經對外界的知覺反應，所以對疼痛有舒緩效果，使人放鬆，消脹氣，很適合緊張就胃痛的人。

▶ **甜羅勒**：葉片偏圓形，色澤柔和光滑，帶著木質調的溫柔香氣。主要成份是芳樟醇（Linalool）和大茴香腦（Anethole），常用來處理消化和神經系統的問題，減輕脹氣、痙攣、絞痛和消化不良，對憂鬱、焦慮和偏頭痛也有一定效果。

▶ **神聖羅勒（打拋葉）**：葉片比較薄，帶點鋸齒狀，氣味強烈，含有丁香酚，與九層塔相近但氣味淡些。有降血糖、血壓，還有抗發炎、緩解疼痛、退燒的特性。

　　題外話，料理時使用的通常是九層塔或羅勒的葉片，台灣民間的藥草養生法則是以九層塔頭入藥湯，或九層塔頭燉雞幫助青少年轉骨，九層塔頭燉排骨還可調理氣血不足與疼痛，有祛傷解鬱之效。有空不妨走趟青草店，購入九層塔頭一試。

來去墨西哥

爆炸熱的夏季,在幾波纏綿梅雨過後,就大剌剌地來臨了。某些年我會因為夏季似乎來得晚些,多下了幾場雨,慶幸得以解決當季恐將面臨的水荒,也有些時候難免抱怨總是乾不了的鞋子,臭味四溢很是難受。

不管如何,在烏雲散去之後,那個酷熱終究是要面對的,於是就會面臨到「天氣很熱,坐著就汗如雨下」的窘境,誰還想開伙煮飯哪?終於揮汗料理上桌,接著遇到的就是什麼也吃不下,熱到根本沒有食欲的狀況,從大人到小孩,都是這樣。但成長中的青少年需要餵養,採取間歇性斷食趁機讓身體修復的大人們,終究也得要復食。

所以大熱天到底要吃什麼才好呢?如果有什麼食物可以讓我在酷暑覺得胃口大開,大概就是墨西哥菜了!一來有開胃的香料,二來口味從豐富香料的紅椒肉醬(Chorizo)香腸和充滿各種香草與香料的手撕豬肉(Pulled Pork),或墨西哥香料牛肉起司餡餅(Steak Quesadilla),氣味豐盛到讓人食指大開,鹹香辣之外再搭配一大口拌了檸檬番茄的酸酸

辣辣莎莎醬，大概就足以忘記此刻外頭氣溫 34℃、溼度破表，因此體感溫度為 39℃ 那種想把自己塞進冰箱的厭世感了！

　　我家美國人一直覺得，台灣人應該很能接受墨西哥菜，但實際狀況似乎不完全如此。要吃到道地墨西哥菜不是很容易的事情，尤其是我們這幾年越搬越郊區，只好認命的不斷自己練習料理墨西哥菜，一來增進廚藝，二來節省外食費用，三則建立家庭傳統。小孩們都很習慣了，週六、日就是長工爸爸與巫婆媽媽發神經，卯起來研究新料理或精進原有菜色的時間。當然有時偷吃步隨意煮煮，也有時神來一筆發現自己比前次進步，但週末時常會有好吃的東西是肯定無疑的。

　　磨練幾年後，墨西哥菜在我家美國人眼中，唯有自己努力調製，才有道地可言。或者說，自己努力料理完成之後，不好吃也會稀里呼嚕吞下，毫無怨言。嘗試製作各國料理的人生成就解鎖部分，也絕對無庸置疑。

除了香氣之外，墨西哥菜裡面一定會有各種飽和色彩，看看莎莎醬的顏色就知道了！五顏六色飽和鮮嫩，讓人食指大動。

前面提過 "Salsa" 在西班牙文中就是「醬料」（Sauce）的意思，所以當我們說「這莎莎醬真好吃」的時候，我們說的其實是「醬醬好好吃喔！」剛知道這回事的時候，處女座巫婆的潔癖就發作了，老是想去糾正別人，請大家直接講 Salsa 就好了，切莫畫蛇添足。後來年紀漸長，個性放鬆了些，就覺得「唉大家一起變幼稚童言童語，說這醬醬很 yumyum（好吃），也沒什麼不好」。人生在世那麼多苦惱，別糾結在細節裡。

大熱天的，大器地用玉米片（Corn Tortilla Chips）鏟起酸香辣的墨西哥莎莎醬，配一口肉醬或牛肉起司餡餅，搭配檸檬片陪襯的可樂娜（Corona）啤酒，暑氣就拋到外太空去了，人生一切都好說！

材料

- 番茄 1 斤，去掉蒂頭洗淨
- 洋蔥 1/2 個
- 辣椒 2 條，去籽
- 檸檬 1 顆，榨汁
- 芫荽葉 1/2 杯，切碎
- 糖 1 小匙
- 鹽與胡椒適量
- 乾燥奧勒岡 1 小撮（可不加）

步驟

1. 番茄、洋蔥切成小丁，戴上手套，把辣椒也切碎。（切完辣椒記得用肥皂洗手，幾個小時內小心雙手不要揉眼睛，或接觸身體其他有黏膜的部位。）

2. 把所有材料放入食物調理機，攪拌幾下，讓材料被切得細碎但不至於成泥狀，且所有材料都混合均勻。沒有食物調理機的話，可以用刀切得細碎些再攪拌混合即可。

3. 拌勻後的所有材料放入大碗中，加入糖、少許鹽、胡椒和辣椒調味。嚐一下味道，如果辣度和酸度不足，就再斟酌的加入辣椒籽和檸檬汁。如果太辣或太酸，就再切些番茄加入。

4. 放入冰箱冷藏至少 1 小時，讓風味混和、平衡。

5. 搭配玉米片、墨西哥餅皮（Flour Tortilla）或斑豆泥（Pinto Beans）、墨西哥起司餡餅一起上桌。

莎莎醬 / Salsa /

tips

- 加辣椒時切記邊品嚐邊添加。農產品因品種、季節、產地差異，香氣辣度各有千秋，慢慢來才能調出剛好的辣度。辣椒籽先不加，如果所有辣椒碎片都加入之後還是覺得不夠辣，再把籽也加進去。

- 當日沒有吃完的莎莎醬隔日風味更佳，可以搭配西式蛋捲（Omelette）早餐增加風味。做好的莎莎醬在冰箱裡大概可以放5天，但仍建議趁新鮮趕快吃。

匈牙利紅椒不辣肉醬

／Chorizo／

料理墨西哥菜選用的肉類，可以是豬肉、雞肉或牛肉。簡單以橄欖油、蒜片煎過，切小塊就可以佐莎莎醬與起司，夾在餅皮裡面。

我家常做的就是這道匈牙利紅椒肉醬，顏色看起來鮮紅，是因為加了匈牙利紅椒，色澤鮮豔但其實一點都不辣，帶有煙燻氣味，很適合燒烤時使用，增色且帶甜香。

材料

- 豬絞肉2斤（1200公克）
  肥瘦比例約1：3
  或依個人喜好調整
- 大蒜5顆，切碎
- 辣椒粉2大匙
- 匈牙利紅椒粉2大匙
- 鹽1/5茶匙
- 乾燥奧勒岡葉2茶匙
- 黑胡椒1/2茶匙
- 芫荽籽1/4茶匙
- 肉桂粉1/2茶匙

步驟

1. 絞肉放入攪拌碗，加入所有香料，雙手洗淨之後，用手將香料與豬絞肉拌勻。
2. 攪拌好的豬絞肉放入網籃，底下放容器承接豬肉醃漬後瀝出的水分。把絞肉與整個容器都用保鮮膜或塑膠袋包好，放進冰箱冷藏3天，每天都檢查一下並把瀝出來的湯汁倒掉。
3. 三天後將醃好的絞肉分成3-4份，用保鮮袋或鋁箔紙包／捲起來，放入冷凍庫可儲存約3個月。

做好的肉醬可以有很多的用途，例如：

- 煮墨西哥辣豆子燉湯（Chili Con Carne）：用牛肉、辣椒、番茄、斑豆、大蒜、洋蔥、胡蘿蔔、芹菜等一起燉湯，搭配玉米片或飯，在湯裡加上酸奶油和起司，非常好吃。
- 直接捏成香腸肉餅，煎熟當作早餐香腸。
- 料理匈牙利紅椒肉醬燉飯（Chorizo Risotto）：鐵鍋中放入奶油或橄欖油，加入蒜片和肉醬炒香，再加入米拌炒，然後加入適量的水，加蓋用小火把米飯燜煮熟。掀蓋撒入一把青豆，再燜10分鐘，就有好吃的燉飯。
- 搭配莎莎醬、斑豆泥包入墨西哥麵餅皮吃。

這道手撕豬肉可以用烤箱，也可以用慢燉鍋，重點在於把香料與豬肉用慢火長時間燉煮至軟爛入味，放涼之後可以用手撕開成條狀，搭配各種餐食。

手撕豬肉是自製墨西哥捲餅（Burritos）或是墨西哥起司餡餅的好朋友，搭配酪梨或酪梨醬（Guacamole），還有莎莎醬、起司跟墨西哥米飯。無暇煮太多道菜色，只用匈牙利紅椒不辣肉醬煮香腸燉飯，手撕豬肉當配菜也不錯。

另外一個很適合熱天的吃法是當作前菜，搭配新鮮番茄切片、起司和酸奶油，用萵苣生菜葉包起來吃，夏季這樣吃尤其爽口。有著各種搭配方式的手撕豬肉，可以把它想像成台式三層肉，滷好之後，可以配飯、拌麵，也可以佐花生粉香菜夾刈包，一樣的概念。

材料

- 不帶皮豬前腿肉
  2公斤，表面可帶些脂肪
- 鹽 2 又 1/2 茶匙
- 黑胡椒 1 茶匙
- 洋蔥 1 個切碎
- 墨西哥辣椒
  （或台灣辣椒）1 條，
  去籽切末
- 大蒜 4 顆
- 柳橙汁 3/4 杯
- 香料油：
  乾燥奧勒岡 1 大匙、
  小茴香粉 2 小匙、
  橄欖油 1 大匙、
  卡宴辣椒粉

步驟

1. 豬肉洗淨擦乾，表面塗滿鹽和胡椒。再把橄欖油與香料混合均勻之後，塗滿豬肉表面。

2. 豬肉帶油花那面朝上，放入鑄鐵深鍋或慢燉鍋，撒上洋蔥、辣椒和大蒜片，淋上柳橙汁，以中小火慢烤或慢燉大約6-8小時。

3. 豬肉取出放涼，然後用手或兩支叉子把豬肉拉扯成絲狀。鍋內的洋蔥與湯汁另外裝起來備用。

4. 鍋內加入 1 大匙油，起油鍋，火開大，把撕好的豬肉絲放入鍋內，淋上一些剛剛取出的湯汁，拌炒收汁，並確認肉絲變成金黃酥脆（但不要過乾）的狀態。2公斤豬肉烤出來的豬肉絲份量很多，視平底鍋大小，可能要分3-4次炒到香酥。

5. 炒好的肉絲趁熱裝盤，再度淋上少許湯汁，可以搭配莎莎醬做成墨西哥起司餡餅或墨西哥夾餅（塔可，Tacos）。

tips

- 一次做好2公斤的手撕豬肉，可以在步驟3完成就把
  當餐吃不到的份量裝入保鮮袋內冷藏3日，冷凍可達
  3個月。也可以只做少量，但烘烤或慢燉的時間請斟
  酌縮減，例如1公斤的豬肉，只要烘烤4-6小時。
- 同樣的料理流程，可以換成牛肉，另有風味。

南美料理的香料

Spices in Latin-America Cuisine

受限於台灣容易取得的材料有限,以下列出的是我家的墨西哥菜常用食材與香草、香料,有其他管道可取得食材的話,當然就更可以「借題發揮」囉!

1. **辣椒粉**(Chili Pepper Powder):辣椒乾燥後磨成細粉,香氣與辣度會稍稍流失,但很適合讓肉品的每一個角落都沾上一點辣味的時候使用,對食物顏色上色也很有幫助。

2. **大蒜**:各文化料理的好朋友,與蔥、薑、鹽、各式西洋香草香料都百搭,應該不需多說。

3. **墨西哥辣椒**(Jalapeño Pepper):拉丁學名 *Capsicum annuum* 'Jalapeño',鮮豔的綠色(熟成會轉紅)帶著一種青草味的辣椒,沒有嚐過的人,真的很難透過文字理解它的氣味。煙燻乾燥熟成後,就成為煙燻辣椒

（Chipotle），也是墨西哥菜裡常見的角色。近年台灣有農場種植，部分進口超市也可購得罐頭裝的煙漬墨西哥辣椒，可以嘗試看看。沒有這一味的話，就只好用市場常見的辣椒來取代了。

4. **墨西哥奧勒岡（Mexican Oregano）**：道地墨菜用的奧勒岡與我們常用的歐陸品種地中海稍微不同，氣味比較強烈些，但台灣取得不易，就以一般的料理奧勒岡取代。

5. **芫荽**：就是台灣常見的香菜，有人愛，有人不愛。但如果要吃墨西哥菜，少了這一味就真的不像。

6. **匈牙利紅椒粉**：帶煙燻氣味，些微甜香但不怎麼辣的一種紅椒，很適合用在肉類的燒烤醃漬上，不需要把肉煎、烤到過焦，就有金黃的顏色和煙燻的香氣。

7. **檸檬汁（Lime Juice）**：在鹹、甜、辣的氣味之間，加入檸檬的清新果香和酸氣，通常可以讓料理的氣味整個提升。

8. **小茴香**：又稱孜然，氣味濃烈的一種香料，很適合肉類去腥，抗病毒、抗菌功效強大。不過因為氣味濃厚，不是每個人都愛（例如我），本章三份食譜都可以酌量撒一點小茴香粉提味，但身為不愛這味的作者本人，請原諒我在內文都省略跳過了。

滷包大集合

這幾年我在大學教通識課程，除了精油芳香保健外，有一堂課的主題是「香料保健室」，課程內容除了介紹香料本人，也介紹香料萃取出的精油如何運用在按摩油、按摩霜，照顧自己的身體，從消化、免疫系統到骨骼關節肌肉，以及循環、免疫系統，面面俱到。

最後一堂課調製的不是芳香按摩油或藥膏，而是請大家用香料搭配成香料包，作業則是運用香料包回家煮奶茶、炕肉、牛肉麵，或者是煮一杯香料茶、熱紅酒。一桌子的香料是雷同的，稍微搭配組合，就可以做成各色的料理茶飲。幾次上課都遇到同學瞪大眼睛說：「原來香料混搭，可以變出這麼多東西，也太神奇了！」

同樣的經驗，在臉書上也常遇到。有時我貼出從廚房香料櫃子裡挑出當晚要用的香料，例如熱紅酒的香料組合，如

果不加解釋，就會有朋友回文：「阿娥家晚上吃牛肉麵嗎？」

不過收到過最可愛的反應是：「老師，拿了這麼多香料，我回家滷肉的時候還要加醬油嗎？」親愛的孩子，要喔，炕肉、牛肉麵的本體還是要的，懂得運用香料則可以讓你端上桌的料理更上層樓。

回頭說篇名「滷包」，直覺英文本想寫"Marinade"，是醃、滷的概念。後來覺得這混合香料的概念應該更廣些，稱為"Spice Mix"（混合香料）或更適合，是運用各種香料的氣味特性，組合成適合的料理香氣。認真說，本書不少章節的菜色，就是一個又一個的「混合香料」。餐桌上特定菜色料理，各有特定的香料組合，例如我們耳熟能詳的五香粉、七味粉、蘋果派、南瓜派香料、肯瓊香料粉（Cajun）、熱紅酒香料，還有印度咖哩粉、馬薩拉（Masala）等，都是混合香料的範例。

身為熱愛香料的女巫，書架上總有各種中英文香料書，除了查找喜歡的香料閱讀之外，看得更起勁的往往是書中提供的混合香料總覽，試圖從文字中想像那些遠方文化的香料組合氣味，或者異中求同找到適合自家味蕾的組合。

香料種類無數，混合香料的可能性自然無限，本章只列出幾個家常例子，跟大家一起品嚐。但最重要的，原諒我不厭其煩的碎念，在既定組合中，依照手中食材香料的品質與香氣，調整比例與份量，找出當餐最適合自己身心狀態的氣味，就是最好的香料組合。

印度香料茶的香料包括肉桂、黑胡椒、小荳蔻、丁香苞及肉荳蔻，煮奶茶或做成滷包兩相宜。

傳統炕肉

／Taiwanese Soy Sauce Pork／

住在台灣應該少有人沒吃過炕肉飯、滷肉飯。一年四季的餐桌上，如果可以做個菜色出現的統計圖表，炕肉飯必定榜上有名。不只在家吃，外食的時候也是常常點來搭配各種小菜的主食。

大部分店家會寫成爌肉或焢肉，不過「炕肉」（khòng-bah）更能貼切形容這種慢火燉煮、以時間換取美味的料理方法。我媽媽的廚房常用語彙中，買大骨回來熬煮是「炕湯」（khòng-thng），在田間疊土窯後生火燒熱，滅火再丟入蕃薯將土窯推平，讓餘熱慢慢燜熟蕃薯，叫做「炕窯」（khòng-iô），甚有道理。

既然各家都有家常炕肉，香料自然也有獨門祕製配方。從小吃到大的滷肉，其實香料極為簡單，媽媽極少使用滷包，關鍵在於炸過的大蒜、品質好的醬油，還有冰糖。炸過的大蒜釋放出來的香氣，與直接加入生蒜粒炕煮的味道大不相同，建議大家務必嘗試。另外也推薦購買天然豆麴與甕缸釀造的老字號醬油，價格雖稍高，但風味絕佳，物超所值。

我有自己的廚房後就開始實驗自己的香料配方，買過坊間各種滷包回來拆開研究內容，也曾去中藥房買各種小滷包、大滷包，五香、十三香。熟悉各國香料之後，開始嘗試加入西洋香草增添風味，一小段迷迭香、一片月桂葉都好。櫥櫃裡有陳年梅的話，就舀點梅汁、加幾顆梅子，軟化蛋白質。懶怠的日子無心配香料，拿出印度香料茶權充滷包也行。

關於香料滷包配方，我沒有制式的答案，更多時候是讀空氣決定今天要放些什麼，或者什麼都不放，只想重現媽媽的大蒜與冰糖炕出的帶皮後腿肉，甜香醬汁淋在晶瑩白飯上，狠狠吃兩碗。

材料

- 豬後腿肉1斤
- 大蒜8-10瓣
- 冰糖1-2大匙
- 醬油2杯
- 米酒1杯
- 蔥段
- 水2杯

步驟

1. 在傳統市場購買帶皮豬後腿肉，請肉販切成喜歡的大小。
2. 起油鍋，小火將大蒜炸至金黃色，撈出大蒜放在預計要炕肉的煮鍋內。
3. 續放入冰糖拌炒，加入豬肉塊，拌炒2-3分鐘至外皮變色，嗆入醬油、米酒繼續攪拌幾分鐘上色。
4. 熄火，將炒過的豬肉舀入煮鍋內，放入蔥段、水。要添加香料或香草的話，趁此時將香料裝進小棉布包綁好再放入。蓋上鍋蓋，轉小火燉煮約1.5小時慢慢入味。

大部分的忙碌人生，餐食可能都是當餐料理當餐食用，但大家都應該知道的是炕肉隔日入味更好吃，如果時間允許，前一天料理好，放涼冷藏，隔日要用餐時再取需要份量加熱食用，氣味更豐足。

滷包香料調配心法

- **基本款**：肉桂、八角、丁香苞、白胡椒、小茴香
- **廚房常見香料**：大蒜、薑、青蔥
- **進階款**：小荳蔻、花椒、肉荳蔻
- **漢方藥膳加味**：當歸、川芎、白芷、甘草、陳皮
- **十三香**：八角、花椒、肉荳蔻、小茴香、肉桂、乾薑、丁香苞、山奈、白芷、高良薑、草果、砂仁、木香

長工先生吃炕肉飯的時候需要加辣，在廚房裡找到門路的他，也學會了自製簡易台式辣椒醬：

新鮮或冷藏自然風乾的辣椒切碎，大蒜也切碎，小鍋小火，倒入300毫升左右植物油，加入大蒜和辣椒，小火加熱10分鐘後熄火放涼，裝入玻璃罐放冰箱冷藏，要用就有。在家裡吃炕肉飯，也很像外出吃小館。

切辣椒的時候記得戴手套，萬一忘記了或不小心被辣到的時候，立刻用酒精或醋沖洗中和，或者手上抹點植物油繼續工作，切完後立刻以肥皂清水洗手。如果等到辣椒素滲透入皮膚上皮細胞後，只能泡水降溫等灼燒感降低了。

牛肉麵

／ Beef Noodles ／

上課常跟學生聊到，認識各種香料之前，我也只會買滷包，或者只用簡單的幾種香料調配。現成滷包有香味四溢的，但購買之前因為包裝密封聞不到香氣，有時候也不確定自己購買到的是不是放了很久，已經不香。

這幾年拜網路之賜，大家似乎都開始熱愛料理，慢慢的越來越多人問「香料哪裡買」，也因此更容易買到新鮮的香料了。

櫥櫃裡出現各種原型香料之後，滷牛肉就變成一個配合當下心情、天候搭配香料的遊戲。買了牛肉或者有人下訂單想吃牛肉麵的時候，買好洋蔥，紅、白蘿蔔，就可以把香料罐全部搬出來，開始抓出當天想要的配料。香氣、濃度都可以在一次一次的料理過程中，慢慢建立出屬於自己最順口的配方。

材料

- 牛腱1公斤
- 牛番茄4個
- 洋蔥2個
- 醬油2杯
- 米酒3杯
- 黃豆或黑豆1杯（可省略，但增加湯頭甜味，很推薦）

- 紅蘿蔔1-2條
- 白蘿蔔1條
- 水4杯
- 丁香苞10個
- 肉桂棒1支
- 芫荽籽1茶匙
- 甜茴香籽1茶匙
- 芹菜籽1茶匙

- 月桂葉2片
- 薑1大塊
- 大蒜10瓣

tips
同樣的香料配方，不放醬油改用鹽，牛番茄也省略，可以熬出好喝的清燉牛肉湯頭，不妨試試看。

步驟

1. 牛腱用開水汆燙備用。
2. 薑切片，大蒜輕拍裂，洋蔥去皮切成四等分。
3. 深鍋內倒少許麻油，以小火炒薑、大蒜、洋蔥，加入醬油和酒，小火煮滾。
4. 肉桂棒壓碎，其他所有種子香料也輕輕壓破，月桂葉撕成小片，全部放入棉質濾茶包中綁好，放入鍋內一起煮10分鐘，把香味煮出來。
5. 牛腱放入鍋中，黃豆或黑豆也放進濾茶包，放入鍋內，蓋上鍋蓋，小火燉煮約1小時。
6. 掀蓋加入切塊的紅、白蘿蔔和番茄，再小火燉煮30分鐘至1小時。熄火後，撈出牛腱，冷卻後切片就是美味的滷牛肉。下一把家常麵條，燙個青菜，舀入紅燒牛肉高湯，擺上滷牛肉切片，完美的家常牛肉麵就完成了。

家常烤雞

/ Everyday Roast Chicken /

西式香草雞肉料理最常使用的材料是香草類的氣味組合。入秋以後天氣轉涼，如果院子還沒有的話，我家就會購入基本的四種香草，也就是美國民謠〈史卡布羅市集〉（Scarborough Fair）唱到的四種香料：巴西利（Parsley）、鼠尾草、迷迭香和百里香。從醃製早餐香腸到感恩節烤火雞，基本香料組合大多離不開這四種香草，尤其是只要有鼠尾草氣味在家裡廚房飄出，我家長工先生就會覺得秋天來了，大餐增肥季到啦！

我家的烤雞、烤火雞食譜，通常還包含浸泡雞肉使肉質不至於烤後過柴，而且咬下去香甜多汁的香料鹽，包含大蒜、鹽、黑胡椒、肉桂、檸檬皮和蘋果丁。雞腹內的填料則包含各式香草、大蒜與洋蔥。光是寫下這些內容，就覺得香氣四溢了。

烤雞不一定要等秋天感恩節時分，其實日常忙碌生活中，材料塞好把雞送進烤箱就有一道豐盛晚餐，是很省工的的事情，輕鬆上桌又可以讓孩子們覺得「今晚有一頓別致的晚餐」（We're having a fancy dinner tonight.），很是值回票價。

烤雞的繁複版食譜請參考 4-2 章，此處提供一盤到底的料理方法。

材料

- 全雞 1 隻
- 鹽 1 大匙
- 黑胡椒 1 大匙
- 橄欖油 1 杯
- 香草：巴西利、鼠尾草、迷迭香、百里香 各約 1 大匙
- 雞腹內蔬菜：洋蔥、大蒜、西洋芹
- 烤盤內蔬菜：馬鈴薯、綠花椰、番茄、各色甜椒或櫛瓜

步驟

1. 烤箱預熱至 250°C。
2. 橄欖油內加入鹽和黑胡椒，並加入所有切碎的香草，攪拌均勻做成香料油。把香料油塗抹與按摩在雞肉內外，靜置片刻。
3. 雞腹內放入切大塊的洋蔥、剝開的大蒜，以及切丁的西洋芹。
4. 馬鈴薯切大塊，其他的蔬菜也洗淨切塊之後，撒上少許橄欖油、鹽和黑胡椒拌勻。
5. 深烤盤塗上少許橄欖油，全雞置於烤盤中央，馬鈴薯擺在旁邊，蓋上鋁箔紙，入烤箱烘烤約 1 小時。
6. 取出烤雞，掀開鋁箔紙，旁邊擺上拌過油和鹽的其他蔬菜，再淋上少許橄欖油。入烤箱繼續烤 45 分鐘到 1 小時，至雞肉表皮金黃即可。
7. 烤盤從烤箱中取出後即可擺盤上桌。蛋白質、油脂、蔬菜纖維與適量的澱粉都有了，一個烤盤搞定。

南瓜香料在大眾流行文化爆紅，要歸功於連鎖咖啡店星巴克（Starbucks）。除了把義式咖啡的花樣推廣更為大眾化、口味更為多元之外，為了創造出獨家、限量、季節性的特色咖啡飲料，星巴克的風味研究室努力做了很多測試與市場調查，把南瓜派的風味融入咖啡當中，創造出南瓜風味拿鐵（Pumpkin Spice Latte）。2003年推出之後，第一個十年內，據說星巴克總共賣出了至少 2 億杯的南瓜風味拿鐵；到了 2019 年的統計，已累計超過 4 億杯拿鐵飲料。是不是很驚人的數字？

「南瓜風味拿鐵」裡面其實並沒有南瓜，而是通常會加到南瓜派裡的香料，揉合了打發的香甜鮮奶油與濃縮咖啡的苦焦香，堪稱絕配，也難怪一推出就聽到收銀機進帳的叮噹聲響不斷。行銷時主打的形象，當然是手裡拿一杯南瓜香料拿鐵，彷彿置身在落葉繽紛的樹林中，可以聽見自己踩在乾燥酥脆落葉堆上的散步聲響。

星巴克南瓜風味拿鐵有四種香料：肉桂、薑、丁香苞、肉荳蔻（Mace），我自己烤南瓜派的時候，通常還會加上多香果（Allspice）和小荳蔻（Cardamom）。口味香氣很主觀，但我自己比較偏愛加了這兩個氣味的綜合香料，比較圓融，帶著些柑橘果香的感覺，濃烈辣味之外，也有清新愉悅。調配香料粉末的比例，可以依照自己的偏好增減。記得氣味濃烈的肉荳蔻不可多，通常占整體粉末的 5-8% 就很足夠。

材料

- 肉桂粉 2 大匙
- 薑粉 2 茶匙
- 丁香粉 1 茶匙
- 肉荳蔻粉 1/2 茶匙
- 多香果 1/2 茶匙（可不加）
- 小荳蔻 1/2 茶匙（可不加）

步驟

1. 把所有香料細粉混合在一起。

用途

1. 撒在拿鐵上
2. 煮奶茶
3. 烤南瓜蛋糕
4. 烤薑餅人
5. 烤南瓜派
6. 烤燕麥或其他香料餅乾

tips

知道香料的基本成員之後，也不限於使用粉末。有製作香料酊劑（見3-4章）習慣如我，有時烤派或蛋糕、餅乾會直接以酊劑加入麵團內；有原型香料者，可直接敲或磨碎入小鍋煮茶。

南瓜香料 ／Pumpkin Spice／

吃滷也是吃補

Spices as Adaptogen

西洋藥草學常用到 "Adaptogen" 這個字，中文翻譯為「適應原」，通常是在討論藥草或蘑菇、香菇的療效，認為特定植物對人體健康有益，幫助身體更具有抗壓性，或是提高認知功能，通常是源自東方的漢方與阿育吠陀藥草。

適應原藥草通常以茶飲、酊劑或粉劑型態販售，方便消費者直接食用，或添加在日常飲食中。它們幫助身體「抗壓」，包括協助身體達成對物理性的、化學性的和生物性的壓力，誘發身體對壓力反應的保護力，使身體更快恢復到原有的平衡狀態。

適應原，
幫助身體因應各種壓力的香料和藥草。

Adaptogen - herbs and spices that help our bodies adapt.

　　適應原跟我們冬季在飲食中加入各種中藥燉湯補氣的概念十分類似，只是範圍更廣闊，不僅限於冬令進補。

　　理解了概念，再擺脫掉明星光環之後（是的，藥草界也有誰比較紅跟誰很容易被忽略的狀況），其實不限於常被討論的像是南非醉茄（Ashwagandha）或紅景天（Rhodiola），適應原藥草的種類從漢方的人參、黃耆到料理的打拋葉、迷迭香都有。日常生活中常用的香料，也都非常符合這些基本概念：1. 不具特定性，任何人都可以使用；2. 提高身體對抗壓力的能力；3. 幫助身體恢復平衡。所以日常生活中，香料用起來，因應生活壓力更從容。

秋
收

———

Fall

東南亞風味

Flavors of
Southeast Asia

在台灣鄉下長大的我，直到念大學之後，才在鄉巴佬進首都大觀園的台大一日玩耍機會裡，吃到了東南亞菜色。年紀小也不懂事，到底吃了什麼、哪一家餐館，已不復記憶。後來出國念書，拜移民大國之賜，開始嚐到移民來自東南亞各國的料理。

說來有趣，沒有機會去越南，第一次吃到覺得這湯底真是無敵好喝的越南牛肉河粉，是在美國第二大城芝加哥（Chicago）。上桌時還帶著粉色的牛肉片，以及隨麵湯上桌的新鮮香草與蔬菜，趁熱呼呼的湯還冒著煙，自己「料理」撕下九層塔葉片塞入湯中，再擠上檸檬汁，湯頭美味得不得了。

認真回想第一次吃到好吃的泰國菜，應該也是在芝城念書的時候。風味究竟道不道地，我不是很客觀的裁判，但是那些濃烈、辛、酸、辣的氣味，記得當時吃得一把鼻涕一把眼淚，非常過癮。

念完書返台，輾轉又為愛走天涯，搬去了舊金山（San

高良薑

檸檬香茅

Francisco），這時享受食物香氣就都是有著長工先生一起了。在居住大不易的舊金山過日子的那段時間，有很多與南亞口味連結的記憶。例如懷孕期間一邊協助籌辦影展，與辦事處的大哥去吃有名的越南麵時，因為身體荷爾蒙起了巨大變化，味覺敏感度提升百倍，我在春捲皮上吃到了砧板與抹布的氣味。大哥一臉詫異的看著我：「那你春捲都不吃了喔？」怕造成別人困擾，我只好面帶微笑小聲用台語說：「我喝我的海鮮河粉湯就可以了。」

　　另外一個在腦海留下深刻印象的記憶，也跟懷孕期間的味蕾有關。一樣是在開完會之後，與合作的姐妹一起去吃飯再回家。兩人在市場街（Market Street）上為了我一心一意「想吃酸酸辣辣的東西」，找到了一家泰國餐館，那碗酸辣海鮮湯（Tom Yum Goong）端到我面前的時候，氣味瀰漫整個鼻腔的滿足感至今仍然記得。同行的姐妹看著我一臉陶醉，臉上寫著「真的有那麼好喝嗎？」的表情。現在想起來，覺得孕婦的味覺、嗅覺真的很神奇不可思議。那一碗酸辣海鮮湯，大大滿足了懷孕媽媽的味蕾。

　　越南麵的高湯與薄片生牛肉備料起來繁雜，在常見東南亞移工的台灣各社區裡不難找到，煮婦我難得可以發懶花錢請別人煮給我們吃，就不打算在家自己嘗試了。不過拿河粉丟進台式口味湯頭的事情也做了不少，或是在家常大麵湯裡面多加兩片九層塔、擠上桔子汁偽裝越南風，這類的實驗也沒少做過。而泰式酸辣海鮮湯與綠咖哩，因為我的熱愛，就努力在家好好炮製一番了。

我是一直到發現住家附近不太容易吃到泰式料理，還有自己越來越宅（笑）之後，才意識到需要自己學會料理泰式酸辣海鮮湯。有時候可以在食材商店裡找到現成的罐頭冬蔭功酸辣醬，就會立刻帶兩罐回家。現成湯頭是忙碌主婦的好朋友，沒有時間從蝦頭高湯煮起的忙碌主婦們，如果你找得到購買來源，我大力推薦家裡廚房備著，以防不時嘴饞。

　　但自己熬高湯其實不難，酸辣海鮮湯的湯頭除了香草的風味之外，蝦高湯也是很重要的一環。蝦頭爆香炒出蝦油是一種方法，不起油鍋直接乾鍋炒香後加水熬湯也是一種方法。我喜歡綜合兩種方式，加油爆香炒出蝦油後，在中小火的狀態停留一會兒，通常家人就會聞香而來，打探海鮮湯何時上桌。其他的只要香料備齊，就是海鮮的新鮮度最重要，端上桌之後，愛喝湯的、愛吃酸辣的，都會集合在餐桌前。

材料

- 鮮蝦約20隻
- 卡菲萊姆葉5-6片
- 新鮮香茅1-2支，或切碎的乾燥香茅1杯
- 高良薑7-8片
- 辣椒2條，去籽切大片
- 檸檬汁1/2杯
- 魚露3大匙
- 糖1-2大匙
- 切片杏鮑菇3杯
- 芫荽葉少許

步驟

1. 把蝦頭和身體分開。蝦身以剪刀開背，取出腸泥，可以輕輕沿著蝦背畫開，煮的時候蝦肉會展開成蝴蝶狀，很漂亮也比較快熟。
2. 蝦頭放入鍋中，加少許油，中火拌炒，直到蝦頭的香氣釋放出來。再加入4大杯的水熬蝦頭高湯，約15-20分鐘，把蝦頭的鮮甜味煮出來，然後撈出蝦頭。
3. 香茅斜切片，卡菲萊姆葉先壓折揉皺撕開，方便氣味釋放。
4. 在高湯鍋中加入香茅、卡菲萊姆葉和高良薑、辣椒片，中火持續滾煮，讓香草釋放出香氣。
5. 加入杏鮑菇，煮到湯又接近滾開的狀態，加入蝦身，立刻熄火讓餘熱把蝦煮熟。
6. 加入檸檬汁、魚露和糖，嚐嚐湯頭調整氣味。
7. 將湯盛到大碗裡，撒上芫荽葉就完成了。如果有買到河粉，就可以變成冬蔭功河粉；泡飯也很好吃。

泰式酸辣海鮮湯（冬蔭功）／Tom Yum Goong／

綠咖哩

\Green Curry

到餐廳吃泰國菜的時候，我跟長工必點綠咖哩。香辣有勁的咖哩氣味，可以讓我們吃好幾碗飯。不常吃辣的人可能聽到綠咖哩先後退三步，愛辣如我們，就選擇在家自己做綠咖哩。

台灣因為有許多東南亞移工，現成的泰式紅、綠咖哩糊，在超市或香料店都不難買到，所以用現成咖哩糊來料理咖哩雞也非常省事。

購買市售咖哩醬，可能會需要先花點學費，分辨不同品牌的辣度與鹹度，還有是否添加蝦醬（Gapi）。如果不喜歡蝦醬、擔心氣味太濃烈或對蝦過敏，可以挑選不含蝦醬的品牌。

如果大家跟我一樣好奇，湊齊所有乾燥與新鮮香料，就可以試著自己做綠咖哩了。

泰式咖哩跟印度的「咖哩」一樣是綜合香料的概念，把各種搭配的香料氣味組合起來，合乎自己的（或記憶中的）口味，就是好的咖哩醬。製作泰式咖哩的基本角色是這四項：辣椒、大蒜、紅蔥頭、蝦醬，以下提供的綠咖哩配方比較繁複，給大家參考。

tips

乾燥的香茅與高良薑不易絞碎，如果研磨器或調理機力道不足，無法將香料磨成粉末，攪拌成醬之後，可用濾網篩除粗粒，讓咖哩醬的口感更加綿順。

泰式綠咖哩醬 | Green Curry Paste

材料

- 芫荽籽 2 茶匙
- 白胡椒 1/2 茶匙
- 綠色泰國辣椒 15 條
- 鹽 1 茶匙
- 打拋葉 15 片，切細絲
  （可以九層塔代替）
- 香茅 3 大匙，切片
- 高良薑 1 大匙，切細
- 卡菲萊姆皮 2 茶匙，切細
- 芫荽根 2 茶匙
  （或 2 大匙芫荽梗），切末
- 紅蔥頭 3 大匙，切末
- 大蒜 2 大匙，切末
- 蝦醬 1 茶匙

步驟

1. 所有乾燥料放入乾鍋炒香之後，用咖啡研磨器磨成粉末備用。
2. 研磨缽或食物調理棒的量杯內加入辣椒和鹽，攪拌細碎，再加入打拋葉、香茅、高良薑、卡菲萊姆皮和芫荽的根或梗一起攪拌到細碎。
3. 繼續加入紅蔥頭、大蒜和蝦醬，攪拌至細糊狀。若是無法成糊狀，可以加少許的椰奶或植物油。
4. 每次製作咖哩糊可以多做一些，當餐沒有用完的，裝進夾鍊袋，擠出空氣，壓扁平後放入冷凍庫，可以保存半年。

綠咖哩雞 | Green Curry Chicken

材料

- 椰奶 1 又 3/4 杯
- 綠咖哩醬 3 大匙
  （約 50 公克）
- 雞高湯（或水）1 杯
- 去骨去皮雞腿排
  2-3 支或雞胸肉 2 片，
  切成約 1 吋大小的雞丁
- 棕櫚糖（或黑糖）2 大匙
- 魚露 1 又 1/2- 2 大匙
- 卡菲萊姆葉 3-4 片，揉碎
- 四季豆 1 又 1/2 杯
- 打拋葉 1 把
- 紅辣椒或彩椒少許，
  切細絲
- 泰國香米

步驟

1. 把一半的椰奶倒入鍋中，開中小火加熱至椰子油從椰奶中稍微分離出來。有些椰奶加了乳化劑，可能不會分離，也沒有關係。

2. 加入綠咖哩醬炒香，持續攪拌，接著加入雞肉，讓醬汁包覆雞肉。

3. 加入糖、高湯、魚露、卡菲萊姆葉、魚露以及剩下的椰奶，攪拌後轉小火，煮約 15 分鐘，至雞肉八分熟。

4. 加入四季豆，再煮 2-3 分鐘後熄火，拌入打拋葉和辣椒或彩椒就完成了。

5. 務必要搭配泰國茉莉香米飯。

tips

用台灣的三杯料理打個比方，三杯的醬汁不僅可以煮雞肉，三杯豬里肌或杏鮑菇都很合宜，是萬用醬料的概念。有了綠咖哩醬，同樣的料理方法，可以改成綠咖哩豬、蔬菜綠咖哩或綠咖哩海鮮。

香料與香草百變風味

Flavor Changing Herbs and Spices

　　我在秋季的第一章寫東南亞風味，接下來還會寫到印度菜。大家應該有發現，料理步驟看起來繁複的原因是辛香料／香草的種類特別多，但是備齊了所有材料之後，其實料理的步驟過程不是太複雜，也都很類似。

　　一樣是綜合辛香料／咖哩，包含的香料也有不少雷同的，例如辣椒、大蒜、芫荽籽。但是東南亞綜合咖哩的氣味與印度相距甚遠，綜合香料裡面抽換掉幾樣，氣味就大不相同。以下是泰式料理中比較常用到的香氣：

▶ **辣椒：**辣味，有紅色品種和綠色品種。

▶ **檸檬汁：**酸味的來源。

▶ **魚露：**醍醐味。

▶ **香茅：**檸檬香氣。

▶ **高良薑：**有獨特的微酸、涼氣味。

▶ **卡菲萊姆（Kaffir Lime）：**葉子可入菜，檸檬與香茅的氣味綜合體。

▶ **打拋葉：**泰國九層塔，比台灣九層塔辛、嗆一點的特殊香氣。

▶ **椰奶：**增加椰香，也平衡辣味。

▶ **棕櫚糖：**平衡整體的辛香料辣味。

蔥薑蒜

Spring Onion,
Ginger, and Garlic

　　蔥、薑與大蒜都是廚房流理台上必定會有的配角。這些辛香菜的氣味，不僅本身帶有濃烈香氣，跟料理的主角氣味搭配之後，更突顯出食物原本的鮮味，辛香菜本身也帶有豐富的營養素，還有食療意義上的各種療癒功能。

　　而在漢方中藥、西方藥草學典籍裡面也都記載著蔥、薑、蒜的各種功效，不僅富含維生素，各種金屬微量元素和芳香分子都能為身體帶來抗氧化、促進代謝、發汗、殺菌、循環、止吐、提升免疫力、抗發炎、消炎等等族繁不及備載的功效。

　　因為很容易買到，所以我們也極少在意保存方式，市場上買菜送一小把蔥也是家常便飯。不過在我家比較容易發生的是買回來放太久沒用掉，例如夏天不喜吃薑，一不小心買回來的大塊薑就在架上一住三十天，放到都乾扁掉了，又得再去買一塊。這種時候可以做薑蒜泥保存（見 3-3 章），隨時取用很方便。

　　青蔥也是另一個很容易壓在冰箱角落被遺忘的菜，我後來學乖了，在產季回爸媽家當女兒賊的時候，一次就把蔥採收洗淨、切段、切珠，冷凍保存可以用很久（見 4-4 章）。不過最好選用新鮮的辛香菜，料理起來的香氣還是有所不同的。

蒸魚

／*Steamed Fish*／

媽媽是在農村長大的女性，看起來是一般的家庭主婦，但那個年代的女性好像每個人都得要會十八般武藝。每年稻子收割後，村裡都會舉行秋季慶豐收的大拜拜，家戶設宴席謝神宴客。我們在家族裡是四房中的大房，只是多代單傳，宴請客人的人數通常不多。兒時記憶裡，有好幾年慶豐收的秋宴，媽媽都是一手包辦二、三桌宴客菜，各種大菜中最厲害的菜色之一就是蒸魚。秋季宴客的習俗隨著時代演進而漸漸式微，近年來媽媽就比較少煮這道菜了。

鏡頭轉到另一半的媽媽身上。我家長工是台美混血，台灣籍的婆婆旅美期間經營中餐館，蒸魚也是她的拿手料理，以往只會在年節吃到的油淋魚，在阿嬤發現孫女偏愛之後，有段時間只要到阿嬤家吃飯，餐桌上就會出現這道菜。

在廚房幫忙觀摩時，我自然抓緊機會觀察疼孫阿嬤的手路，也與婆婆切磋兒時在廚房「出腳手」幫忙時，我家媽媽都怎麼料理這個蒸魚。

蒸魚的香料要塞進魚腹，還是要鋪在盤底搭配豆腐再擺上魚，手法和配方各有千秋。蔥、薑、蒜之外要不要加破布子和豆豉、芫荽、白胡椒粉等額外香氣，也各有喜好。

花了這麼多功夫研究，最後是家中兩個女孩教會了我蒸魚的魅力——除了魚肉的鮮嫩甜美之外，關鍵其實在醬汁。被熱油親炙過的鮮魚和蔥、薑、蒜加上辣椒絲氣，與醬油的醇香融合在一起，是小朋友最喜歡的拌飯醬汁！有時醬汁份量不足被拌光了，還會跟阿嬤「客訴」説魚少一點沒關係，多一點醬汁才夠下飯。

我聯想起小時候那個愛喝綠豆湯的同學，跟媽媽説煮綠豆湯放兩顆綠豆就好，「反正我又不吃綠豆。」殊不知不論是綠豆湯還是蒸魚的醬汁，都得要有主角的氣味，才能有美味的湯汁啊！

材料

- 鱸魚或其他
  適合蒸煮的魚種1條
- 青蔥2-4支
- 大蒜2顆，切片
- 薑片和薑絲少許
- 辣椒1條切絲

- 破布子6顆（可省略）
- 米酒1大匙
- 鹽少許
- 麻油少許
- 醬油1-2大匙
  （依口味斟酌份量）

步驟

1. 將蔥段、薑片和蒜片塞進魚肚，盤子底部也鋪上蔥、薑、蒜。把魚放上去之後，撒上蔥絲、薑絲和辣椒絲。家裡有小朋友不喜吃辣的可以省略辣椒，或改用紅色甜椒切絲，等淋油的時候再擺上去增色。如果有破布子，這時也可放上幾顆。

2. 炒菜鍋或蒸鍋放上蒸架，鍋內放1杯半水，把擺好辛香料的魚盤放上去，淋上1小匙米酒和一點點麻油。開中火把水煮開，蓋上蓋子，蒸魚約6-8分鐘（看魚的尺寸斟酌的時間）。

3. 掀開蒸鍋之後，把整盤的魚取出，倒掉盤內的腥水。接著沿盤側倒入醬油，先在一旁待命。

4. 如果宴客希望顏色翠美，可以夾掉蒸過的蔥和辣椒絲，重新放上新鮮的。起油鍋把油燒熱之後，以大湯杓舀油，緩緩把熱油淋在魚和旁邊的醬油上面（小心噴濺），讓油的熱度再次釋放出魚和醬油、辛香料的香氣，就可以上桌了。記得附上湯匙，讓熱愛醬汁的大小朋友們拌飯。

tips

蒸魚的香氣哪裡來？來自熱油的溫度逼出蒸魚醬油和辛香料的香氣。蒸魚的作法，依照費工程度可以分成幾種：

- 家常版：魚擺到盤上，魚腹與表面放薑絲（片）和蔥段，加入醬油與額外添加的破布子、蔭鳳梨等醬菜，入鍋蒸熟即可。缺點是底部的魚肉泡在湯汁中，魚肉兩面風味不均，蒸過的辛香料也不美，「賣相」不佳。但家常料理直接上桌，方便省事。

- 油淋魚：與家常版作法大致相同，但起鍋後才加入醬油，另切新鮮的蔥、薑絲放到魚身上，淋上熱油逼出香氣。

- 講究版：魚先用蔥薑水略醃，讓辛香料的味道滲入魚肉中。盤內用筷子墊高再放魚上去，避免魚肉泡在醬汁中。蒸好時倒出湯汁，淋上另製的醬汁，再淋上熱油。

- 另製醬汁作法：起油鍋炒香蔥、薑、辣椒絲等辛香料，加入少許米酒、醬油嗆一下，至醬汁略滾即可關火，淋到魚上。

蒸魚時可斟酌口味加入其他材料：破布子、蔭鳳梨、蔭瓜、白胡椒粉、芫荽、香油等。喜歡泰式風味的話，可加入魚露、芫荽、大蒜、辣椒、檸檬汁和糖。

大蒜蛋黃醬是從西班牙瓦倫西亞（Valencia）到義大利卡拉布里亞（Calabria）地中海沿岸（地圖上很像靴子鞋頭那個部分）一帶常見的醬料，以大蒜、鹽和橄欖油做成。"Aioli"在普羅旺斯的語言中，就是「大蒜和油」的意思，有些版本有加蛋黃，有些版本加比較多的大蒜，也有些地方會加檸檬汁以及其他額外的香料。

我做的版本，算是被美國化了的一種，但還不算是最偷懶的方法（直接買美乃滋加入大蒜泥和橄欖油攪拌就完成了），也很適合自己家人的口味。

最早的大蒜蛋黃醬是用杵缽把大蒜和鹽碾碎成泥，再加入橄欖油乳化製作而成。現代版加了蛋黃與其他的香料，也多半改用食物調理機製作。看完底下的材料與步驟，熟悉的人可能會想，這不就是美乃滋嗎？但是地中海沿岸的人會說：「誰跟你美乃滋，我們叫它"Aioli"。」

我看見的是不同文化之間的共通性，把油、辛香料（和蛋黃）加起來死命的攪拌乳化，就可以做出無敵、超級美味的沾醬，而發現的人不只在大西洋的那一邊。不過（天高皇帝遠）不負責的說，你要叫他大蒜美乃滋也是可以，反正台灣人在披薩上面都放了鳳梨和火腿、豬血糕和芫荽葉了，是沒有在怕得罪人的（大笑）。總之，這個醬料非常好吃，自己做超簡單，你一定會愛上。

材料

- 蛋黃1個
  （也可以用全蛋）
- 大蒜2-3粒
- 芥末醬1/2茶匙
  （可不加）
- 鹽1/2茶匙
- 橄欖油1杯
- 檸檬汁2大匙
- 其他可添加香料：
  白胡椒、黑胡椒、
  匈牙利紅椒、辣椒粉等

步驟

1. 把橄欖油以外的材料全部放入食物調理機，攪拌大約2分鐘。
2. 調理機或攪拌棒不要停止運轉，慢慢加入橄欖油，一定要慢慢地加，同時持續的攪拌。約攪拌2分鐘，所有材料完全乳化融合在一起，就完成非常好吃的大蒜蛋黃醬了。

tips

大蒜蛋黃醬可以做什麼呢？當沾醬。蒸或烤好的蔬菜，可以沾；生菜可以沾；烤好的鮭魚、雞肉也可以。拿來塗早餐的土司做三明治、塗漢堡麵包。做蛋沙拉、馬鈴薯沙拉、鮪魚沙拉、生菜沙拉的時候，改用大蒜蛋黃醬取代美乃滋。如果有料理西式的魚湯、濃湯，舀1小匙加到湯裡，可以增加濃郁香氣。偷懶不想煮飯，買速食外送的時候，也可以趁食物來到你家之前，快手做個大蒜蛋黃醬，沾薯條和雞塊非常剛好。

同樣的步驟作法，改成其他植物油，省略大蒜與芥末醬就是普通的美乃滋了。

阿嬤的肉丸子 ╱Ahma's Meatballs╱

關於肉丸子，我很想只寫這句話：我家小孩都是吃媽媽做的肉丸子長大的。

不只是我們，現在養兒育女了，我和弟弟的小孩週末回阿嬤家逛開心菜園時，餐桌上也很常見到這道菜。媽媽的版本非常簡單，通常是絞肉搭配蔥珠拌在一起，放入醬油滷汁燉煮，是類似炕肉的作法，只是豬後腿或五花肉換成了絞肉做成的丸子，跟所謂的外省菜「獅子頭」其實有點類似，但更像是下飯用的料理。

後來在我生了小孩之後，肉丸子有了進化版。小朋友小時候免疫系統開發中，病毒碼還沒有輸入完全，三天兩頭掛著鼻涕，過敏與小感冒不斷。尤其入秋冬天氣開始轉涼之際，風一吹鼻涕就跟著來了，很是困擾。疼孫的阿嬤說要在飲食中加入薑幫忙暖身補氣，對付秋冬的冷空氣。但養過小孩的應該都知道，薑的熱辣氣味對小小孩來說，屬於「後天味覺」（Acquired Taste），是還沒學會欣賞的氣味（其實到現在念中學了也不怎麼喜歡）。阿嬤看孫女愛吃肉丸子，某日聽我訴說小孩秋冬噴嚏連連，靈機一動，把薑磨泥加入肉丸子裡，看不見卻吃得到。果然小朋友也沒有特別抗議，就這樣，成功了。

材料

- 豬絞肉1斤
- 鹽1小匙
- 白胡椒粉1小匙
- 蔥花2杯
- 薑末1大匙
- 醬油3大匙
- 水800-1000毫升
- 米酒1大匙
- 冰糖1大匙

步驟

1. 在絞肉中拌入鹽、胡椒粉、蔥花和薑末，用手或筷子同方向持續畫圓攪拌，至絞肉出筋變得黏稠。
2. 熱鍋，倒入醬油、冰糖以小火煮出香氣，再加入水和米酒，轉中火繼續加熱。
3. 滷汁滾開之後轉小火，用手掌與湯匙將絞肉捏成形狀大小一致的丸子，一顆一顆放入湯鍋。全部完成後加蓋，小火燉煮約15分鐘，熄火燜10分鐘，上桌。

家常芡芳（爆香）
香料菜裡的學問

Sizzling Hot Spices

上芳香療法的植物油課程時，我都跟學生說，如果你炒菜會芡芳，你就會做浸泡油。「芡芳」是熱油鍋，放入大蒜、青蔥或薑片炒香的過程，運用油的熱度，把香料中的油性成份與香氣釋放出來。炒菜要先「芡芳」應該是許多人學炒菜的第一課。

我們熟悉的芡芳用香料，就是本章所寫的蔥、薑、蒜。除了炒菜時常用的大蒜，冬季料理麻油雞或薑母鴨時用到的薑，還要分小火煸薑或是大火爆出薑的熱辣，另外也有蔥爆豬柳、牛柳這一類菜色。

我的媽媽還會依照食物的特性與吃飯的時節，選擇適合的辛香料。例如十字花科的小白菜或是棚上的絲瓜都屬於「性涼」的蔬菜，料理這兩種蔬菜用的芡芳料，

就是嫩薑或生薑切絲，而不是大蒜。

　　下次可以留意一下習慣上搭配蔥、薑、蒜的食物，是否有因為季節、食物屬性而有大家慣常的搭配，裡面可是有很深的學問。

　　以下辛香料與藥性的資料引自《本草從新》。

> ▶ 蔥（白）：辛散而平。發汗解肌，通上下陽氣，治傷寒頭痛。
> ▶ 大蒜：辛熱有毒。開胃健脾，消穀化食。辟穢驅邪，通五臟，達諸竅，去寒滯，解暑氣。辟瘟疫，消癰腫。
> ▶ 生薑：辛溫。行陽分而祛寒發表，宣肺氣而解鬱

調中，暢胃口而開痰下食。治傷寒頭痛，傷風鼻塞，咳逆嘔噦。

▶ 薑汁：辛溫而潤，治噎膈反胃。

▶ 薑皮（通常泡茶喝）：辛涼，和脾行水，治浮腫脹滿。

▶ 煨薑（炭火煨製過的老薑）：用生薑懼其散，用乾薑懼其燥，唯此略不燥散，凡和中止嘔。及與大棗並用，取其行脾胃之津液而和營衛，最為平妥。

▶ 乾薑：辛熱。逐寒邪而發表溫經，燥脾溼而定嘔消痰，同五味，利肺氣而治寒嗽。開五臟六腑，通四肢關節，宣諸絡脈。

> ### *tips*
>
> 薑是老的辣：生薑經過較長時間烹煮之後，生薑醇（Gingerol）會變成薑酮（Zingerone），氣味比較沒有那麼辣，也稍微帶有甜香。經過乾燥或稍微加熱（爆香）的薑，則會把生薑醇變成薑烯酚（Shogaols），嗆辣度倍增。這很符合養生料理認為乾薑或爆香過的薑更辣、更上火的說法。

3-3

Indian Cuisine

　　大部分的人想到印度菜，就會想到咖哩，超市貨架上面也有各種咖哩粉與咖哩塊。台灣人比較熟悉的是日式偏甜的咖哩，料理方便，口味也很接近台灣人的日常。但有機會去道地的印度餐廳吃過飯之後，就會知道咖哩只是印度菜裡面的一小部分，香料也絕對不僅咖哩裡面出現的那些，而且運用道地辛香料混搭出來的香、甜、辛、辣、苦均衡的印度綜合香料，與其他風格的咖哩相去甚遠。

　　印度綜合辛香料傳到世界各國之後，隨當地風土與口味不同，被加入了不同的元素，構成各種風味。日式咖哩加入了洋蔥和蘋果使得口味偏甜，直接製成咖哩磚便利料理。東南亞的咖哩則是添加了南洋風的椰奶、魚露和蝦醬，泰式咖哩以嗆辣出名，加入紅辣椒和青辣椒與其他辛香料，紅咖哩與綠咖哩各有支持者，一樣都很帶勁。

　　不過言歸正傳，各種網路食譜、香料書籍和料理美食秀看完一圈回到自家廚房，何者正宗地道傳統，不一定是家常掌廚人關心的話題，能夠運用香料喚出印象中在某餐廳吃過的某料理，或者用自己手上材料做出迎合當下味蕾的綜合香料，才是終極目標。

馬薩拉綜合香料雞

／ Garam Masala Chicken ／

"Garam"的意思是溫暖的或熱的，"Masala"是綜合香料的意思，綜合來說就是「溫暖的綜合香料」（Warm Spice Mix），可以讓身體溫暖、促進循環，進而幫助排毒和平衡身體系統。這也是印度阿育吠陀食療的概念，將香料融合到飲食中，可以平衡身體、心緒和精神，維持整體的健康。

　　另外，香料磨成粉之後就會漸漸氧化。磨成粉意味著增加香料與氧氣接觸的速率，這樣的邏輯應該不難理解，氣味也隨著時間揮發到空氣中失去香氣。

　　所以自己製作印式馬薩拉綜合香料時，建議每次只使用少量的原型香料，磨成粉混合並且妥善存放，才能在料理時吃到新鮮的香氣。

綜合香料

材料

- 小荳蔻
- 肉桂
- 甜茴香籽
- 八角
- 丁香苞
- 黑荳蔻

步驟

1. 所有香料清理乾淨，挑去雜物，一個一個放入厚底鍋，乾炒至香氣釋放出來，取出放到盤子上冷卻。
2. 將烤乾、冷卻後的所有香料放入調理機中，打成細粉、過篩，粗粒繼續再打成細粉。
3. 打好的細粉放入玻璃罐，標示清楚並加以密封。

馬薩拉綜合香料雞

材料

- 雞肉1斤
- 醃料：
  辣椒粉1/2茶匙、
  馬薩拉香料粉1茶匙、
  薑黃粉1/2茶匙、
  蒜粉1/2茶匙、
  薑粉1/2茶匙、
  鹽1/4茶匙、
  優格2大匙
- 植物油2大匙
- 月桂葉2片
- 小荳蔻2顆，去殼
- 丁香苞2-4顆
- 肉桂棒1根
- 洋蔥切丁1杯
- 薑蒜泥1茶匙（見tips）
- 番茄糊1/2杯
- 辣椒粉1/2茶匙
- 鹽1/2茶匙
- 馬薩拉香料粉1/2茶匙
- 芫荽葉1小把，切碎

步驟

1. 雞肉洗淨切丁，拍乾。把醃料所需細粉跟優格攪拌在一起，加入雞丁攪拌均勻，醃大約1小時或冷藏過夜。

2. 起油鍋，把丁香苞、肉桂、小荳蔻和月桂葉等香料加入炒香。接著放入洋蔥、薑泥和蒜泥，持續拌炒，加入番茄糊。接著放鹽、辣椒粉和馬薩拉香料粉，持續拌炒到油開始從香料糊中分離出來。

3. 加入醃好的雞丁，中火拌炒約5分鐘，轉小火，蓋上蓋子繼續煮約5分鐘入味。

4. 掀蓋拌入芫荽葉，攪拌，再蓋上蓋子，以小火煮至雞肉軟嫩就完成了。

5. 搭配印度香米或泰國茉莉香米飯。可以切幾片洋蔥片與檸檬丁，吃的時候擠一點檸檬汁提味，增加香氣。

tips

薑蒜泥是印度料理常用到的基本香料,也是台灣料理常用的香料,所以每次多做一些,放在冰箱隨時取用也蠻方便的。薑蒜泥除了增加料理的香氣、幫助消化,也有使肉類的蛋白質變得軟嫩的功能。

材料

- 薑100公克,大蒜200公克,2-3大匙的植物油,1小匙鹽,可額外添加少許薑黃粉(增加顏色與保存期限)。

步驟

1. 薑洗淨去皮切大塊。
2. 大蒜先泡在熱水中就可以輕易去掉薄膜,將皮剝乾淨。
3. 所有材料放入攪拌機或食物調理機,攪拌至細泥狀,裝罐後放入冰箱冷藏。

咖哩跟馬薩拉其實是同一種東西，各家有各家風格的獨門綜合香料，這份食譜談如何以各種香料組合成自家的咖哩粉。一般人常誤以為咖哩的主力是薑黃，但印式風格的咖哩最主要的角色有三：芫荽籽、小茴香和薑黃。在印度，據說是南北各路、各大城市，甚至每個家庭都有自己的獨門綜合香料配方。沒有把握的人可以直接走一趟印度香料店，買現成的「道地」印度咖哩香料回來先料理品嚐過，腦袋裡先有個氣味印象，才有概念調製自己版本的咖哩。

　　各具特色的咖哩，香料種類從 5 種到 20 種都有，調製咖哩粉的心法，從這裡開始：

- **基本咖：**芫荽籽、小茴香、薑黃、葫蘆巴（Fenugreek）籽、辣椒。
- **額外可添加的廚房常見香料：**薑、大蒜、肉桂、丁香苞、肉荳蔻、小荳蔻、黑胡椒。
- **比較不容易購買或家常少用的進階款：**阿魏（Asafetida）、甜茴香籽、葛縷（Caraway）籽、芥末籽、黑荳蔻（Black Cardamom）、長椒（Long Pepper）。

　　自製咖哩粉的步驟，跟前面的馬薩拉綜合香料粉是一樣的：

1. 找出選定的香料，依照想要的比例秤好重量。
2. 把所有香料逐一放入乾鍋炒香、乾燥後取出。
3. 放涼後以調理機或磨豆機打成細粉，過篩後留下粗粒繼續打，到無法再細為止。
4. 打好的細粉裝入玻璃罐密封保存。

tips

培養自己對香料的敏感度，並瞭解自己的味蕾，可以在香料店購買配好的咖哩綜合香料包，或者他人推薦好吃的咖哩粉，買回來後留意成份表，研究配方的辛香料成份。慢慢累積自己對辛香料組合的香氣記憶，跟調香水一樣，總有一天單從閱讀成份標籤，就可以在鼻腔裡想像出可能的氣味，也是一種人生成就解鎖。

咖哩

／ Curry ／

坦都里烤雞本來應該用窯烤才好吃，不過一般家庭只要有烤箱就可以做。坦都里烤雞的作法，是把雞腿排或雞胸肉先以坦都里香料醃好入味，再入烤箱烤至顏色金黃可口。在印度香料店有現成的坦都里烤雞香料可選購，但如同前面討論馬薩拉和咖哩一樣，也可以自己從一個一個香料挑選組合起來。一樣是慢慢嘗試找到自己喜歡的組合，或者，做久了就會有自己的直覺，知道什麼氣味是當下喜歡的。

材料

- 希臘優格（瀝掉乳清的優格）
- 薑蒜泥 1/2 大匙
- 馬薩拉綜合香料 1 茶匙
- 紅椒粉 1 茶匙

- 黑胡椒粉 1/4 茶匙
- 芫荽籽細粉 1 茶匙
- 鹽 1/4 茶匙
- 薑黃粉 1/4 茶匙

- 乾燥葫蘆巴葉 1 茶匙
- 檸檬汁 1 大匙
- 植物油 1 1/2 大匙
- 去骨雞腿排或雞胸肉 2 塊

步驟

1. 在調理碗內放入希臘優格和所有的香料粉末，加入檸檬汁和植物油，攪拌成香料糊。嚐一下味道看是否需要多加一些鹽和辣椒粉。

2. 雞肉去皮之後，用刀在表面每隔 2 公分左右劃一道，讓香料比較容易入味。把雞肉放入調理碗，稍微按摩，讓香料糊完全包覆到雞肉表面和切開的開口中。蓋上蓋子，冷藏約 6 小時或隔夜。

3. 烤箱預熱至 240°C，在烤盤上先鋪一層烘焙紙或錫箔紙（用來盛接烘烤過程滴下來的肉汁），擺上網架，把醃好的雞肉放在網上，送入烤箱，烘烤約 15-20 分鐘。

4. 喜歡吃辣的人可以額外準備辣油，烤到 15 分鐘左右，拉出烤盤，用刷子把辣油刷在雞肉表面。續烤 5 分鐘後翻面，一樣刷上辣油，再烤約 5-10 分鐘，用叉子插入雞肉，確認已經烤熟就可以取出來擺盤。

5. （額外步驟）另外有利用燒炭後放在小缽上製造出煙燻味的方法，可以補足家用烤箱無法產生煙燻風味的不足。把雞肉從烤箱取出之後，將燒好的木炭放入小碗中，放在雞肉中間，找另一個可以蓋住雞肉的鍋蓋或攪拌盆，將雞肉和木炭密封蓋住。讓木炭煙燻 5 分鐘後，再將鍋蓋掀開取出木炭，把雞肉擺盤上桌。抽油煙機記得打開，並開窗保持通風。

6. 建議搭配洋蔥並提供切塊檸檬，吃的時候再手擠檸檬汁淋上去，立即開胃。

坦都里烤雞

／Chicken Tandoori／

印度香料與酥油

Indian Spices and Ghee

本章寫了三道料理，咖哩、馬薩拉、坦都里，看起來用的香料十分類似，加加減減，這個多幾樣、那個少幾味，就變出好幾種不同名稱的菜色。除了常搭配的雞肉之外，其實也還有料理魚肉、羊肉或蔬菜、豆子的馬薩拉綜合香料，針對不同的肉類香氣與食材的料理需求，這個味道重一點，那些味道清爽些，或者加辣更下飯。

在料理印度風菜色時，要記得油脂很重要。例如綜合香料裡面必

然會有的薑黃，近年來是健康食品界的紅牌，功效非常多（抗發炎、抗氧化、抗癌，可以處理關節炎、感染、腸胃消化道的不適等等）。但因為發揮功效的主要成份是薑黃素，屬於親脂的營養素，所以料理的時候務必記得，一定要搭配油脂。另外別忘了搭配黑胡椒，因為其中所含的黑胡椒鹼可以提高薑黃素的生物利用率。

印度料理用什麼油才好呢？當然就是要用印度酥油（Ghee）。把冰箱裡的無鹽奶油拿出來，放入厚底小鍋，小火加熱至奶油融化，每 10 分鐘檢查一下，把表面的泡泡撈掉。繼續加熱後，酪蛋白（Casein）的部分會慢慢地沉到鍋底，乳清的水分會揮發掉。

此時如果沒有繼續加熱，去除掉鍋底的固形物之後，做出來的叫做澄清奶油（Clarified Butter），適合拿來做帶殼海鮮料理。澄清奶油繼續加熱，直到油的顏色變成金黃或淺褐色，鍋底的乳糖與酪蛋白等固形物因熱生香，聞起來會有堅果香，但務必小心不要燒焦。熄火冷卻之後，用紗布過濾鍋中的油脂，然後裝到罐子裡面就完成酥油了。這種酥油不含水分，因此穩定不易酸敗，放在流理台上也沒有問題。擔心的話就收到冰箱裡，酥油會變硬，使用時用湯匙挖取即可。

香料酊劑

*Extracts
and Tinctures*

　　大部分的人聽到「酊劑」都會說：「那是什麼東西？」對熟悉烘焙的人，我會問：「你用過香草精（Vanillin）嗎？」香草精就是一種酊劑，買到香草豆莢（Vanilla）就可以自己泡伏特加（Vodka）做香草酊劑。對不玩烘焙的人，我則會問：「你去過國術館，用過『藥洗』塗抹受損傷的肌肉關節嗎？」藥洗也是一種用酒精萃取藥用植物活性成份的酊劑。（唉呀，結果對方年紀太小也沒聽過。）或是說：「你阿公家的櫃子上有沒有一罐泡中藥或是虎頭蜂的補藥酒？」那也是酊劑。

　　酊劑的英文叫做 "Tincture"，是西洋藥草學的名詞，類似我們熟悉的傳統藥酒，把香草（或昆蟲、動物）浸泡在含有酒精的液體中，萃取出藥用活性，過濾裝瓶之後，透過酒精保存香草植物的活性。

　　在西洋藥草學上，浸泡酊劑的目的常是內服，用以保健、治病，所以建議使用伏特加、蘭姆酒（Rum）、白蘭地（Brandy）或是琴酒（Gin）等可飲用的酒種。如果要外用，也可使用藥局販售的藥用酒精來浸泡。

　　台灣阿嬤用中草藥材浸泡的「藥洗」，則是使用米酒，用來改善循環、消腫止痛、活絡筋骨。我家的模範老人二姑媽，今年九十多歲了，行動雖緩慢，但還能蹲下站起自如，可能跟她用自泡酊劑來保養膝蓋有點關係。

　　酊劑除了用酒精之外，也可以用甘油或蘋果醋來萃取，效率可能差了些，但是相對溫和，適合兒童或對酒精過敏的人。

　　酊劑中的酒精也扮演著防腐、保存的角色，因此是最常用的酊劑基質。

講到香草冰淇淋、奶酪、鮮奶油以及各種蛋糕、派、塔、甜點，大家第一個聯想到的，多半是一種甜甜乳香，帶著幸福的氣味。除了奶油的香氣之外，最關鍵的就是裡面的香草精。香草精其實就是香草豆莢的「酊劑」，用西洋的烈酒來浸泡香草豆莢，萃取出香草莢的香氣。

國外浸泡酊劑常使用"100 proof"的酒精，"proof"是英、美用來衡量、驗證酒精濃度的方式，"100 proof"酒精濃度是50%，"86 proof"是43%，不過現在買酒都是直接看瓶身上的標示。製作香草酊劑，建議用濃度 40-50% 的伏特加，伏特加相對無味，最不干擾香氣。但如果你浸泡酊劑有特殊目的，搭配白蘭地、蘭姆或威士忌（Whiskey）也無不可。

tips

香草酊劑（香草精）的運用非常廣泛，烘焙料理的種類，從餅乾、蛋糕、派、塔到糖果、糖霜、蛋糕裝飾的鮮奶油，以及雞蛋布丁、烤布蕾這類甜點，都少不了香草酊劑。我在熬製蔓越莓、小紅莓等莓類果醬的時候，通常也會搭配丁香苞、多香果、香草酊劑平衡莓果酸香，增加氣味層次。因為添加的是酊劑，也有助於延長保存期限。

香草酊劑在西洋藥草學上，常被運用來處理焦慮和憂鬱的症狀。浸泡完的酊劑過濾後裝在深色玻璃滴管瓶裡面，就可以在冬季泡藥草茶或煮香料奶茶的時候放幾滴進去，小口啜飲後暖暖地入睡。夏季直接滴在冰涼的鮮奶裡面，也具有安定心神的效果。

香草酊劑

／ Vanilla Extract ／

材料 --------

• 香草莢4支　　　• 伏特加500毫升　　　• 500毫升玻璃空瓶1只

步驟 --------

1. 拿水果刀沿著香草莢的縱向劃開,不用切斷,只要可以剝開就好。把裡面的香草籽用刀背慢慢刮下來,放入玻璃瓶。

2. 刮完籽的豆莢用刀切成數段,一樣放入玻璃瓶。

3. 倒入伏特加,蓋過所有的香草籽與香草莢(殼)即可。蓋上蓋子,在陰涼處靜置約4-6週,期間偶爾拿出來稍微搖晃,促進萃取效率。一個月後即可使用。

4. 浸泡滿1個月之後,可以過濾裝入滴管瓶方便使用,也可將香草莢留在裡面持續浸泡,每次以量匙取需要的份量。酊劑份量變少之後,可再倒入些許伏特加繼續浸泡,每隔一段時間也可添加新的香草豆莢。等到這一罐香草莢的氣味都被萃取得差不多了,再將香草莢取出重起一罐。

5. 從酒精裡取出的香草莢,水分揮發之後,還可以繼續放到砂糖罐中製作香草糖,或者完全乾燥後磨粉添加到甜點裡面,完全利用。

丁香苞酊劑

/Clove Bud Tincture/

在接觸芳香療法之前，我不認識香料類精油，也不知道滷包裡面有丁香苞，只記得第一次聞到丁香苞精油的氣味，好像連結起小時候的某種回憶。

直到某次朋友來訪，好奇拿起我的精油，一罐一罐打開來聞，聞到丁香苞時，他彈了兩公尺遠，説：「我不喜歡這個味道，覺得牙痛。」我才恍然大悟，對呀，這就是小時候拔牙後咬在口中棉花的味道。或許我算是牙齒方面的健康寶寶，沒有很多慘痛記憶，多花了點時間才連結起來。

丁香苞萃取物之所以可以被用來處理拔牙後的疼痛，是因為丁香苞消毒與鎮痛的效果極佳；丁香苞也有除口臭的效果，原因也是它具有防腐殺菌的功效。台灣人熟悉的丁香苞，多半出現在五香粉和滷包裡面，除了香氣特殊之外，也是借重丁香苞強力抗菌、防腐的特質。

家中備一罐丁香苞酊劑，除了料理時可以運用之外，偶爾遇到有口腔相關問題時，拿來稀釋做漱口水，或者滴在棉花球上用牙齒咬著，多少有暫時緩解疼痛的效用。

材料

- 丁香苞30公克
- 伏特加300毫升
- 玻璃罐1只

步驟

1. 把丁香苞倒進玻璃罐。
2. 倒入伏特加，完全蓋過丁香苞即可。蓋上蓋子，靜置於陰涼處4週左右，就可過濾裝瓶，或把丁香苞留在罐內，需要的時候直接取用酊劑。

用途

1. 炕肉、滷牛肉。
2. 煮香料熱紅酒、紅茶。
3. 煮果醬。
4. 自製漱口水。
5. 滴棉花球咬住暫時緩解牙疼。

小荳蔻是巫婆的香料櫃子絕對不會短缺的香料。小荳蔻，又稱為綠荳蔻（Cardamom），屬於薑科植物，有著類似野薑花或月桃一樣的大片葉子，開花時從根部直接攀爬出鋪地的莖，花謝之後長出梭狀的種子莢，淡綠色外殼包覆著黑色顆粒帶油質的種子，剝開就香氣四溢。

每年入秋我就會泡酊劑。把小荳蔻類似米糠的外殼剝開，取出油亮的黑色種子。小孩放學回家，就跟小孩瞎扯，說媽媽整天都在家裡四處收集壁虎便便（大笑）。小孩聞到香氣就知道媽媽又在搞笑，但是大家心情都會很好。

小荳蔻在不同文化中都有運用的紀錄，北歐國家用在麵包、蛋糕上，印度人用來泡奶茶和咖啡，瑞典人用來幫牛肉餅調味，美國人的感恩節、聖誕節甜點裡面更少不了小荳蔻，「香料之后」的稱號絕非浪得虛名。

我常在課堂上給學生聞小荳蔻的味道，請他們聯想有沒有其他香料組合後可以取代這個氣味，大家通常是腦袋一片空白。對我而言這是無可取代的一種香氣，所有的香料裡我最愛小荳蔻，愛到家裡隨時都會有小荳蔻精油與香料。

2020年全球疫情爆發，產業人力受到影響以及世界航運受阻，在台灣有一度各大香料賣場都買不到小荳蔻，我連忙瘋狂搜尋找到瓜地馬拉產地的美國供應商，掃貨進口，幸而暫無缺貨之虞。

材料

- 小荳蔻50公克
- 伏特加300毫升
- 玻璃罐1只

步驟

1. 用剪刀或小刀切開小荳蔻的外殼，取出黑色種子，放入玻璃罐。
2. 倒入伏特加，完全蓋過小荳蔻籽。蓋上蓋子，靜置於陰涼處4週左右，就可過濾裝瓶。或繼續泡在罐內，需要的時候直接取用酊劑。

用途

1. 煮奶茶。
2. 炕肉、滷牛肉。
3. 煮果醬。
4. 煮香料熱紅酒、紅茶、奶茶。
5. 夏季搭配冬瓜糖漿與牛奶，變成好喝的太妃糖奶茶。

小荳蔻酊劑

／ Cardamom Tincture ／

小荳蔻奶茶 | Cardamom Milk Tea

小荳蔻帶有果香與木質調溫暖氣息，非常適合用來煮奶茶，在季節交替的時節，或者寒流來襲時可以溫暖身體、提振士氣。

材料

- 牛奶 500 毫升
- 小荳蔻酊劑 2 毫升
- 香草酊劑 2 毫升
- 伯爵茶 1 茶匙
- 糖 1 茶匙（可不加）
- 肉桂粉少許

步驟

1. 小鍋中倒入牛奶，小火加熱。鍋邊開始微微冒泡的時候加入茶葉，持續加熱、攪拌。
2. 加糖，並持續攪拌，確認糖溶解於牛奶中。
3. 煮到茶葉香氣釋放出來了之後，滴入小荳蔻、香草酊劑，熄火，以濾網過濾掉茶葉，把奶茶倒入馬克杯中就可好好享用。

tips

沒有酊劑的話，可以直接剝香料加入。除了小荳蔻之外，還可以斟酌加入薑片、丁香苞、肉桂、薑黃粉或黑胡椒等，就會是一杯香氣十足的印度香料茶（Masala Tea）。對咖啡因敏感的人，可以直接用牛奶煮香料，不加茶葉也是可以的。

補藥酒與酊劑
Tonic and Tincture

　　看完三種香料的酊劑作法與運用，希望用藥草泡酒喝不會令大家覺得緊張。除了本章提到的香料之外，許多其他西洋藥草也都可以洗淨晾乾後泡酒萃取保存。我浸泡過接骨木莓、檸檬香蜂草、鼠尾草等，都在不同時候派上用場。

　　在西洋藥草學的傳統中有 "Herbal Tonic" 的概念，翻成中文大概是「草藥滋補品」的意思，是透過溶劑（可以是水、酒精或其他溶劑）把藥草活性萃取出來，以治療身體各種狀況，酊劑就是其中很適合用來處理日常突發狀況的藥草療法。

　　身體不適時，將幾滴日常製備的酊劑稀釋在藥草茶、果汁或溫水中飲用，以緩解症狀。酊劑稀釋後飲用，濃度降低，對身體是相對安全的，就像長輩冬季喝補藥酒，目的不在治病而是養生。日常生活中利用這些酒精（或用蘋果醋、甘油）萃取的酊劑保養身體，溫和不傷身。

步驟：

▶ 取新鮮或乾燥植物葉片，剪碎放入玻璃
  瓶，倒入酒精，蓋過植物葉片。

▶ 每日輕搖瓶身後放回繼續靜置。

▶ 約2週後，濾掉植物葉片，留下來的酒精
  液體即為植物酊劑。

　　各種植物適合的溶劑不一定相同，煮茶
是最沒有門檻的方法，用食用酒精泡酊劑最
為萬用且易於保存。也有其他各種適合搭配
醋的配方，例如火辣蘋果醋（見 4-1 章）。
可以多參考關於藥草的相關知識，或古籍記
載的方法，取法前人的經驗。

用途：

▶ 內服：
  料理、泡茶、
  具有特定療效。

▶ 外用：
  塗抹身體、消毒、
  空間；跌打損傷、
  口氣清新。

▶ 空間：
  芳香、防蚊、能量、
  避邪、儀式。

冬藏

———

Winter

瘟疫（流感）蔓延時的飲食

*Spices and Herbs
in Pandemic Times*

　　2020 年初，世界進入 COVID-19 的世紀大疫，從剛開始對未知的病毒感到恐慌，到慢慢瞭解病毒的傳染方法、造成的症狀，然後快速進入疫苗的研發。染病後的醫療處置流程不斷修正，我們逐漸接受疫情這樣跟我們一直共存下去的可能。

　　本來這個章節要談的是，遇到流感季節或季節更迭容易感冒時，可以如何使用香藥草和香料來照顧自己與家人。畢竟「瘟疫」這種事情，在衛生環境與醫療措施都大幅進步的現代，應該沒那麼容易遇到。沒想到在本書大綱擬定之後，就遇到了 COVID-19，陸續聽到學校延後開學以及接續而來的邊境管制、口罩發放等措施公告，就這樣過了兩年，而抗疫這條路，短時間內或許還看不到終點。

目前全球都投入了大量資源致力於臨床照護、醫療研究和疫苗研發，如果不慎確診，當然還是交給專業的醫護，尤其是傳染力這樣強且持續變種的傳染病，自然不建議自行處理。但在疫情持續的期間，我們還是可以安頓好身心靈，不恐慌、不焦躁，也比較有機會安然度過這些艱難的時刻。

　　不免要再次叮嚀，以下所介紹的藥草、香料具有的提振免疫力、抗發炎、抗氧化功能，談的都是以日常保養為目的，不建議用來自己扮演蒙古大夫，取代正式的醫療。但透過這些吃食，攝取後關注自己的身心變化，無論如何都會對自己的健康有幫助。

　　我的西洋藥草學老師曾提到，有兩種人最有機會改善健康狀態，一是願意改變飲食習慣的人，二是願意每天泡茶喝的人。原因除了「泡茶」是萃取藥草活性最直接也最便利的方式之外，最重要的是泡茶或煮茶的動作就在療癒自己。

　　願意每天花時間選擇適合的藥草，放慢腳步停下來，觀照自己的身心狀態，打開感官吸嗅與品嚐藥草茶帶來的芳香、身體的感受，把急促的心情與期待都放空，就是一種療癒。

薑黃奶茶

／Turmeric Milk Tea／

薑黃算是天然藥草中被研究得非常徹底的一種植物，主要研究重點在薑黃中的薑黃素。薑黃素可以透過各種機制來達成消炎的作用，例如消除自由基、刺激細胞製造天然抗氧化物麩胱甘肽（Glutathione），或者是阻礙身體製造出某些發炎荷爾蒙，從而達成消炎的效果。

中醫對薑黃的記載，提到薑黃辛苦但性溫，對脾經與肝經有助益，具有破血行氣、通經止痛、活血化瘀之效。而阿育吠陀醫學裡面更是把薑黃當作一種綜合萬能草藥，可以平衡各種體質。近年來薑黃更陸續被發現許多其他功效，包括糖尿病、失智症的改善。

因為薑黃素屬於脂溶性成份，親脂的薑黃素搭配添加了油脂的奶茶飲用，吸收倍增。南洋風味的奶茶，在暖暖的冬季喝起來，又特別溫暖。

材料

- 牛奶2杯（椰奶、杏仁茶亦可）
- 薑黃粉1茶匙
- 肉桂粉1/2茶匙
- 蜂蜜1茶匙
- 黑胡椒少許（可增加薑黃的生物利用率）
- 小荳蔻3-4莢，剝開（或用酊劑）
- 肉荳蔻細粉1/8匙
- 冷壓椰子油或印度酥油1大匙

步驟

1. 盡量使用尚未磨成粉的香料。用磨粉罐磨少許黑胡椒粉，小荳蔻需剝開外殼（或改用酊劑），另選擇完整的肉荳蔻以刮刀磨出細粉。
2. 將牛奶倒入小鍋，以中小火加熱約3-5分鐘，注意不要煮到滾燙冒泡。
3. 陸續加入所有香料，以及1大匙椰子油或酥油，邊加熱邊攪拌至鍋邊微微起泡、表面冒煙即可。
4. 將奶茶以濾網過濾裝到馬克杯內、加入蜂蜜，熱呼呼的享用。

COVID-19 疫情在藥草學圈也掀起一陣風浪。疫情剛開始時,我看到兩份實驗室的研究報告,其中一個研究結論指出,在培養皿裡面滴上月桂精油,可以抑制人類冠狀病毒 SARS-CoV-1(當年的 SARS 冠狀病毒)的複製;另一個是在培養皿讓 SARS-CoV-1 接觸到奧勒岡萃取物,20 分鐘內有機會消滅病毒。

這些都是實驗室內的研究,距離人體使用的劑量與效果還很遙遠。在疫情持續的當下,我選擇在生活中攝取可能有效的成份,期許在體內創造出一個讓外來的細菌、病毒不易入侵或複製的環境,協助身體免疫系統工作,讓該留下的可以留下來,不屬於身體的可以被消除。

奧勒岡又被叫做披薩草,常被放在義大利麵紅醬和披薩的番茄糊裡面提香。月桂葉則是湯品中的常客,加進牛肉湯、蔬菜湯、排骨湯,甚至滷肉的時候加一點也很好。我時常將月桂葉加到藥草茶裡面,很適合預防感冒。

秋冬或季節交替時節,細菌與病毒肆虐,尤其有學齡孩童的家庭,開學後跟同學玩在一起,很容易一個接一個「中獎」。這兩年來大家在運用肥皂、酒精與口罩把病原體阻絕於體外之餘,也很建議喝藥草蜜茶,找到適合處理日常微恙的香草跟蜂蜜,在有前兆時就製作茶飲,預防與提振免疫力。這裡提供兩種運用藥草和蜂蜜的方法,製備添加藥草蜂蜜或濃茶,為茶飲增加風味。

材料

• 新鮮或乾燥的奧勒岡(或百里香、檸檬香蜂草、薄荷、月桂葉等)   • 蜂蜜 1 又 1/2 杯

步驟

1. 取一只廣口玻璃罐,裡面裝半滿的香草枝葉,倒入蜂蜜,完整蓋過香草,蓋上蓋子。

2. 煮一鍋熱水,將藥草蜂蜜罐放入,透過熱水的溫度浸泡加速萃取。也可以使用溫度控制在 40°C 左右的慢燉鍋或溫奶器,數小時即可完成濃度較高的藥草蜜。也可以不加熱,置於室溫中,每日將瓶子翻轉兩次確保所有藥草都浸泡到蜂蜜。

3. 完成後的藥草蜜,可以把藥草保留在裡面,取用泡茶時再過濾掉,但蜂蜜需要盡快用完。另可趁還有餘溫或稍微加熱,在蜂蜜流動性仍高的時候,以濾網篩出藥草,蜂蜜裝罐收納陰涼處即可。儲存於冰箱內則可延長保存期限至數月。

4. 做好的蜂蜜可以直接吃、加入茶飲,或泡成藥草蜂蜜檸檬汁。愛美的女孩們可以用藥草蜜敷臉,許多藥草都有抗感染與安撫的功效,幫助肌膚鎮靜和復原。

藥草蜜

／ Herbal Honey ／

香草濃蜜茶 ／Herbal Decoction／

材料

- 新鮮或乾燥的香藥草
  （百里香、奧勒岡、薰衣草、羅馬洋甘菊等）
  1把（約50-100公克）
- 水1公升
- 蜂蜜1杯

步驟

1. 香草跟水放入鍋內，以小火加熱，蓋上鍋蓋，只露出小小縫隙，慢慢燉煮到水分剩下一半，大約2杯份量的濃藥草茶湯。
2. 將藥草過濾出來，放涼後可以當作堆肥。
3. 趁茶湯仍有餘溫，把蜂蜜加入茶湯，攪拌至蜂蜜完全溶解。
4. 將做好的高濃度藥草蜜茶裝到玻璃罐內，放入冰箱冷藏可保存約3-4週。

   有感冒症狀的時候，每隔幾個鐘頭可以喝1茶匙，幫助舒緩症狀，也可以稀釋加入其他的藥草茶一起飲用。

火辣蘋果醋

／Fire Cider／

我將"Fire Cider"翻譯為「火辣蘋果醋」，它有很多種配方，原則上就是將各種熱、辣屬性的香料泡在蘋果醋裡面，透過醋的萃取力，把辛香料裡面的芳香、勁辣活性成份提取出來，浸泡 4-6 週再過濾後每日飲用，增強免疫力。

在秋冬時節飲用火辣蘋果醋可以預防感冒、當作噴劑外用，也可以處理肌肉關節痠痛。不過自己製作不一定要很辣，也可以不用蘋果醋，用台灣的陳年醋或米醋製作也有另一種風味。運用以醋為溶劑萃取出辛香料活性的概念，選擇在地、當季的食材，可以醞釀自家版本的火辣香料醋。

材料

- 黑胡椒粒 1 小匙
- 大蒜 5 瓣，切片
- 檸檬 2 顆
  （取果皮和果汁備用）
- 洋蔥 1 個
- 薑 3 公分
  削皮後磨成泥或切片
- 薑黃粉 1 大匙
- 辣根泥（Horseradish）
  1 大匙
- 墨西哥辣椒
  1/2 個，去籽切塊
- 新鮮迷迭香 1 支
- 蘋果醋或陳年醋

步驟

1. 所有材料切片或磨泥，全部放進玻璃罐，倒入蘋果醋直到蓋過所有材料。加蓋放在陰涼無光照的地方，持續約 4 週，每天搖晃一下。
2. 4 週後打開瓶蓋，過濾食材倒出醋液就完成了。可裝進消毒過的玻璃瓶中，放入冰箱保存。

運用方法

1. 直接喝：秋冬時節，每天喝 1 小匙，可幫助預防咳嗽與感冒。
2. 醋飲：醋、蜂蜜和開水以 1：1：3 比例調勻，做成醋飲。
3. 醃漬蔬果：取代家常泡菜裡面的醋。
4. 油醋醬：跟橄欖油、糖等其他材料混合在一起，隨性調製油醋醬。
5. 噴霧：做成噴霧或直接倒出塗抹在皮膚上，可以使皮膚表面發熱，促進皮下微血管循環，改善肌肉疼痛或風溼的情況。

感冒的時候，台灣阿嬤會叫我們喝桂圓紅棗薑母茶補元氣，西方阿嬤則會說我來煮一鍋雞湯幫你對抗感冒症狀。雞湯真的可以讓感冒復元得快一點嗎？還真的有醫學研究。

感冒與肺或呼吸道感染的研究人員讓實驗對象分別喝熱水、冷水和雞湯，發現熱水和雞湯都可以改善鼻塞，雞湯裡面還有額外成份讓鼻子更為通暢。其他相關研究結果則指出，雞湯可以抑制感染造成的某個免疫白血球活動，緩解上呼吸道症狀；雞湯可以強化鼻腔纖毛，把細菌病毒阻隔在外；喝雞湯的人，病毒性疾病的恢復速度比較快等。

當然我們不會說喝雞湯可以治百病，但以常識推想，身體在對抗外侮的時候，有了雞湯的溫度與養分加持，免疫大軍伙食好，打仗就有效率。與其說是雞湯，不如說是以雞高湯為基底，充滿肉汁營養風味，再加上蔬菜與香草的鮮甜蔬菜湯。

雞湯中通常有烤雞大餐剩下的雞架子，吃不完的、再也塞不下的雞肉也撕一撕丟入湯內；烤過的雞架子、炸過的香酥鴨熬湯特別有風味。沒有烤雞的日子，也可用現成的罐頭雞高湯為湯底，加上切丁的雞胸肉補足優質蛋白質。

這裡提供的是快手食譜。我們不是每天都有烤雞或雞高湯罐頭，但台灣取得切塊雞肉容易，生病的時候可以快速上桌才是最重要的。

材料

- 全雞的雞肉切塊
- 水 1.5 公升
- 鹽適量
- 洋蔥 3 個，切薄片
- 西洋芹 2 支，切成小丁
- 大蒜 4 粒，壓碎
- 胡蘿蔔 2 條，切塊
- 黑胡椒粉 1 小匙
- 月桂葉 2 片

步驟

1. 大湯鍋裡面放入水、雞肉和 1 大匙鹽，開中火煮雞肉，一邊撈出泡沫渣渣。
2. 加入洋蔥、西洋芹和大蒜、月桂葉，轉小火，加蓋燉煮約 30 分鐘。
3. 把雞胸肉取出備用。加入胡蘿蔔繼續燉煮，約 20 分鐘。
4. 取出其他雞肉，剔除骨頭後留下容易食用的肉，切成容易食用的大小，放回湯內。
5. 嚐嚐雞湯的味道，再加上少許鹽與黑胡椒調味即完成。

西式蔬菜雞湯

/ Chicken Soup for the Soul /

流感的藥草對策
Herbs for the Flu

　　西洋藥草學上有一句名言：" Fast a fever, feed a cold." 意思是感冒要補充營養，流感則要斷食處理。流感會發高燒，自然食欲不好，事實上這正是身體的智慧機轉。發高燒是身體知道體內有病原體要被擊退，而擊退的方法則是「溫度」。發燒不一定是壞事，但發燒太久，則一定不是好事。所以理解並學會觀察感染造成發燒的身體免疫機制進程，才知道該在什麼階段用什麼屬性的藥草來支援人體天然療癒機制。這裡提供處理發燒療程的藥草學概念給大家參酌：

1.辛辣刺激類：促循環、發熱、發汗

　　辛辣、刺激、造成身體發熱與發汗的藥草，多為

香料類，例如辣椒（*Capsicum annuum*）、薑（*Zingiber officinale*）、黑胡椒（*Piper nigrum*）等。這些藥草、香料可以帶動身體循環，把血液帶到體表的微血管，促使體內熱度上升，並且從皮膚表面散發出熱氣。

這類的藥草通常在發燒初期使用，例如身體出現畏寒、臉色蒼白、感覺虛弱的狀態。因為設定體溫的下視丘在此時把體溫設定從 36°C 提高到 38、39 甚至是 40°C，下視丘通知身體現在要到達這個基礎體溫，但身體可能還停在 37-38°C，因此「感覺冷」，也就是畏寒，這時我們可以用這些促進身體發熱的辛辣香料來把體溫拉高。（記得阿嬤總是提醒大家喝薑茶嗎？）

2.放鬆發散類：打開毛孔與微血管，發汗散熱

在發燒中後期，溫度上升到一個程度，身體肌肉和情緒處於高張狀態一段時間之後，出現肌肉關節的酸痛緊張，甚至睡眠不佳。這時可以用發散類的藥草，幫助身體把微血管打開散熱，讓毛孔打開發汗，將熱氣散出去。

前面提到的辛香料屬於刺激性的藥草，通常是熱性的、辛辣的，而放鬆類型藥草則通常是帶些苦味的，另

外胡椒薄荷（*Mentha piperita*）、接骨木花（*Sambucus nigra*）和西洋蓍草（*Achillea millefolium*）也都適用。

瞭解這些藥草也找得到來源之後，要怎麼使用？

喝茶。

喝熱熱的藥草茶。

將香料和藥草放進熱水煮茶湯或泡茶，熱熱的喝下去。熱蒸氣可以將藥草活性帶出來，透過蒸氣熱度活化，運送到身體各處，讓體溫隨著熱度上升，使藥物揮發、蒸煮、循環運作。如果家裡有酊劑，可以把酊劑滴在熱水裡面喝。

另外睡眠也很重要。病程期間如果不能好好睡上一覺，肌肉酸痛緊張不已，也會阻礙修復，這時可以考慮選用纈草（Valerian）、洋甘菊和薰衣草等可以幫助放鬆、調理神經系統的藥草。

還有非常重要的就是要喝水。發燒期間會發汗，身體流失大量水分，因此一定要確保體內水分充足，補充電解質，也可以減緩肌肉酸痛的程度。必要時可以補充鎂。

特別額外需要說明的是，西洋藥草學與中醫雷同，有望、聞、問、切的看診流程。生病不舒服的時候，藥草醫師會仔細詢問，並根據體質開藥，並不是藥草有什麼功效，民眾就可以自行熬煮亂喝一通。例如有些藥草屬性偏熱偏乾，遇到呼吸系統在發炎狀態也是又熱又乾的時候，就得配上可以保溼和降溫的甘草，平衡藥草茶的能量。所以即使是喝茶，也要衡量體質屬性。

用這樣的概念來處理感染，類似「免疫系統大練兵」，運用藥草輔助身體打仗擊退病毒，訓練完之後，免疫系統會變好，身體也會變強壯。

最後補充說明：這裡多寫了一些西洋藥草學處理日常風寒的方法，主要是希望幫助大家瞭解這種全人醫學觀點。家人生病的時候，我還是會先看醫生，再透過中藥草，或是精油、純露、西洋藥草等具有類似功效的保健飲品，照顧自己和家人。仍要再次強調，本文意旨不在取代診斷與治療，生病有症狀請看醫生確診，尤其在有變種冠狀病毒不斷出沒的此刻。

Holiday Feast

西洋節慶料理

　　長工跟我的生日都在秋天，身為這個小家庭的主要成員，我們剛好都很怕熱。在秋風吹起，早晚天氣逐漸轉涼的時候，因為屬於自己的太陽回歸日子來了，心情通常也開始變得很好。

　　天氣轉涼，意味著輪班過生日，以及充滿香料的節日要來臨了。又因為是跨台美文化的家庭，所以我們的節慶料理從 11 月的感恩節、12 月的聖誕節，到太陽曆的新年跨年、月亮曆的春節過年，該吃的都不會少。

　　被允許任性的媳婦以及幸福的女兒我，農曆春節有婆婆媽媽罩著，躺著（欸）等人喊吃飯就可以，西洋節慶料理就是我和長工攜手下廚練廚藝的時間。每年我們都小小挑戰自己，在不同的節日裡做一點不一樣的菜色。感恩節我們挑戰過烤火雞，這幾年縮編，都烤黃昏市場買來的土雞，某一年特地在聖誕節做牛排培根捲，隔年則做了紅酒燉牛肉，有時也考驗自己挑戰不同的甜點。

　　甜點類可以玩的花樣很多，派、塔、餅乾的基本功練過，之後就開始淘氣的亂玩，失敗了就知道下次不要再這樣胡來，成功了就又是一道人生成就解鎖。

　　甜點的部分，在 4-3 章也有些食譜可以參考。瞎玩多了，慢慢練就功夫，就會知道哪些香草、香料適合搭配哪一類風味的甜點飲品。八角可以加進紅酒、肉桂棒可以加到蔓越莓醬裡、哪種口味的餅乾甜品可以加薑，香料真的令人大開眼界，也大開胃口。

　　烤雞需要先製作香料滷水（Aromatic Brine），因此前一天就要開始。氣候變遷加上台灣在亞熱帶，有時到了 11 月，日間還有秋老虎襲擊，以滷水醃雞必須冰鎮，如果家裡冰箱空間不夠大，就要準備很多冰塊。

　　另外務必記得先去學唱賽門與葛芬柯（Simon & Garfunkel）的〈史卡布羅市集〉，其他版本也可以，因為唱著唱著，你絕對不會忘記烤雞裡面的四種香草，"Are you going to Scarborough Fair? Parsley, sage, rosemary, and thyme."（你要去史卡布羅市集嗎？巴西利、鼠尾草、迷迭香和百里香。）喔對，所以在烤雞季節之前，記得檢查一下院子或陽台上有沒有這四種香草，沒有的話，請趕緊到花市、園藝店搬回家。

　　要挑戰火雞也可以，食譜香料份量酌增，先確認你的烤箱夠大，還有到市場預訂火雞。

　　關於香草的部分，在亞熱帶的台灣，入秋再去花市補貨，成功率會高一些。如果實在是灰手指也無須自責，眼看香草植栽漸漸垂頭的時候，整把理平頭剪下，倒掛陰乾再收進玻璃罐。自家採收的乾燥香草香氣勝過市售架上的香料罐，買盆栽的錢就當成是買小罐香料的成本。

　　另外香草人之間傳誦一個說法，我覺得很貼切：「種死五盆植物是灰手指，種死五百盆是園藝大師。」一切都是經驗累積來的，對枯萎的植物說聲謝謝，妥善採收好好運用，也是感恩大地母親的一種方法。

　　以下是我家長工先生的美國阿嬤必用香草配方，分享給大家參考。無論如何，只要有這些香草的氣味出現在我家廚房，家裡的美國人就會說：「啊，聞起來有感恩節的味道！」（Ah! Smells like Thanksgiving!）氣味裡頭的鄉愁，不正是如此？

烤雞

／ Roast Chicken ／

材料

- 雞 1 隻
- 香料滷水：
  大蒜、海鹽半杯、黑胡椒、肉桂、蘋果丁、檸檬皮、
  多香果、迷迭香、月桂葉以及其他喜歡的香草。
- 雞腹內填料：
  整球大蒜、洋蔥一個四切、巴西利（西洋香菜）、
  鼠尾草、迷迭香、百里香、西洋芹
- 外皮刷醬：
  橄欖油 3 大匙、楓糖漿 1 大匙、黑胡椒粉 1 大匙、
  匈牙利紅椒粉 1 大匙、鮮奶油 1 大匙
- 蔬菜：
  青花菜、蘆筍、洋蔥、番茄、西洋芹、
  胡蘿蔔等自行挑選

步驟

1. 前一天製作香料滷水：所有香料、香草盡可能拍揉、壓碎，方便釋放香氣。然後準備一桶約2公升的水（或至少可以淹沒全雞），加入鹽以及所有香料。

2. 將全雞放進滷水，置入冰箱，或者放在冰鎮的桶子裡靜置過夜，記得以重物把雞壓入水中完全浸泡。泡過滷水的雞肉，烤出來的肉質軟嫩多汁且香氣飽滿。（如果想烤酥皮的烤雞，可選擇不要浸泡，改以調製香料鹽，塗抹在雞的外皮，放進大型保鮮盒或大湯鍋冷藏一夜入味。）

3. 大餐當日將烤箱預熱至200-250°C（依烤箱功能和希望酥脆的程度調整溫度）。從滷水中取出全雞，洗、切好準備入雞腹內的蔬菜與香草填料，塞入雞腹，烘烤過程中香草的香氣會持續穿透進入雞肉。

4. 烤盤底部鋪上洋蔥、胡蘿蔔和西洋芹等蔬菜，擺上全雞送入烤箱。視火候與雞的大小，烘烤大約2-4小時。

5. 調好外皮刷醬備用。確認烤箱中雞肉的狀態，看起來已經熟了且竹籤戳入不再流出血水後，刷上刷醬，再入烤箱繼續烘烤。如此重複幾次，直到表皮上色且酥脆可口。

6. 取出烤雞擺盤。將烤盤中的蔬菜夾出來，盤底的油脂與醬汁倒入煎鍋，開小火，慢慢加入少許奶油、黑胡椒與麵粉，拌炒均勻。如果還是太稀，可以小火攪拌熬煮，收乾湯汁，做成沾雞肉的醬料。（也可以改做黑胡椒肉汁醬，見1-4章。）

7. 選擇要搭配的蔬菜，汆燙後淋上少許橄欖油與鹽、黑胡椒，拌勻後擺在雞肉旁邊一起上桌，享受大餐！

tips

烤雞大餐上桌後，拆卸完的雞架子，記得拿去熬雞湯。（見4-1章。）

派皮

/ Pie Crust /

「烤派，要先有派皮。」聽起來真是句廢話。但很多時候因為忘記這一點，沒能預先做好派皮，打亂時程表。

我們應該都沒有那種説要有派，派皮就出現在冰箱裡的超能力。因為忘記準備派皮，得先做好派皮再來烤派，烤完已經半夜 2 點，這樣的事情，年紀越大，越不宜為之。

每次要做派皮可以多做一些放冰箱。做完南瓜派、蘋果塔或其他堅果、莓果塔之後，剩下的派皮捲一捲烤成千層酥也很好吃。反正節慶期間就是要增肥，好好吃完之後，再找時間出門運動。感謝食物，感謝豐盛，感謝身體。

材料 ┈┈┈┈┈┈┈

- 麵粉 1 又 1/4 杯
- 鹽 1/2 茶匙
- 糖 1 大匙（可不加）
- 奶油 1/2 杯，切丁，冷凍
- 冰水 1/4 杯

步驟 ┈┈┈┈┈┈┈

1. 攪拌盆中放入麵粉、鹽和糖，攪拌均勻。
2. 從冰箱拿出冷凍的奶油丁，用酥皮切刀（Pastry Cutter）或叉子把冰奶油「切」入麵粉內，趁冷凍狀態持續的切，邊切邊拌，直到奶油麵粉混合物變成均勻的粗粉狀。
3. 倒入一半的冰水，持續切、拌，讓派皮麵團慢慢成形，如果粉還是散散的，再加入剩下冰水的一半，持續操作，直到派皮捏起來可成團。
4. 用保鮮膜包住，放入冰箱冷藏至少 1 小時，或隔夜。
5. 從冰箱取出派皮，擀平到理想的厚度（0.5-1公分），捲起後鋪到派盤上整形收邊，就可以開始做派的內餡，或收進冰箱待用。

> *tips*
> - 注意操作麵團時盡可能不要讓手溫影響到冷凍奶油的溫度，動作盡量迅速俐落，以免奶油回溫。
> - 不要「揉」麵團，以免導致麵團發展出筋性，派皮就會變硬而不酥脆了。做好的派皮可以放在冰箱冷藏1-2週，或冷凍1個月。
> - 也可以擀好派皮，鋪在拋棄式鋁箔烤盤裡面，送入冷凍保存備用。

講起南瓜派，有好多話可以說。

婚後住在美國，第一次烤派，到超市買了南瓜泥罐頭（Pumpkin Puree），照著食譜一步一步跟著操作，卻在手忙腳亂中最後忘記加糖。人生第一個南瓜派，無論如何都覺得美味無比，只是好像有哪裡不太對，但至今保持聯絡的美國室友聊起這件事情，她仍認定那個沒有加糖的南瓜派非常好吃。

我想人生中就是需要這種（盲目的）肯定吧，身為烤派給美國人吃的台灣人，我因此信心倍增，才有勇氣不怕失敗的嘗試新菜色。

舉家回台定居後，為了過節，我們發展出了建立自己家庭傳統的莫名堅持──感恩節一定要有南瓜派。但因為不容易買到南瓜泥這樣的美式食材罐頭，摸摸鼻子強迫自己從蒸南瓜泥開始，意外發現並不難做，而且非常美味。加了很多香料的糊糊的膏狀南瓜內餡，不是我喜愛的口感，但卻成為很台灣的我爸媽，還有很美國的兩個小孩的最愛。

開始烤南瓜派而且大受歡迎之後，這個派就落實變成每年的傳統。有時生活工作實在忙碌，去美式量販商場採購時，長工會說：「我們今年買現成的就好了，可以不必這麼堅持，現代的美國家庭也很少有人自己烤派了啊，都是去超市買。沒有人在從頭開始！（Nobody makes it from scratch anymore!）」我不確定他是真的不希望我太忙，還是深知如何激起我的鬥志。只要他這麼一說，我就會推著推車快步離開蛋糕麵包區，嗤之以鼻的回答：「累死我也會自己烤！」

南瓜派 / Pumpkin Pie /

材料

- 南瓜 1 個
- 鮮奶油 1 又 1/2 杯
- 糖 1/3 杯
- 鹽 1/2 茶匙
- 全蛋 2 個
- 蛋黃 1 個
- 肉桂粉 2 茶匙
- 現磨薑泥 1 茶匙（或乾燥薑粉 1/2 茶匙）
- 現磨肉荳蔻粉 1/4 茶匙
- 小荳蔻粉 1/4 茶匙（或小荳蔻酊劑 1/8 茶匙）
- 丁香苞細粉 1/4 茶匙（或酊劑 1/8 茶匙）
- 檸檬皮 1/2 茶匙
- 9 吋深烤盤派皮 1 份

步驟 ....

1. 從冰箱取出派皮麵團回溫，擀成需要的大小之後，鋪蓋在派盤上面，整形，收邊，放進冰箱備用。

2. 蒸南瓜：南瓜不用去皮，洗淨切開去籽切大塊，放入電子鍋，內鍋放1/4杯水，蒸熟。（用大同電鍋的話，外鍋放1又1/2杯水。）

3. 烤箱預熱至230℃。

4. 將500公克南瓜和其他材料倒入食物調理機，攪拌到所有材料均質混合，空氣中充滿南瓜及香料的氣味。

5. 把南瓜派餡料倒入派皮，左右傾斜搖晃讓餡料表面均勻。

6. 放入烤箱烘烤15分鐘左右，再把溫度調降到180℃，烤約50分鐘，牙籤插入後沒有殘留溼溼的南瓜餡料就可以了。

7. 從烤箱取出後放涼至少2小時，務必搭配打發的鮮奶油或香草冰淇淋一起吃。

我通常在過節前一日就烤好南瓜派，放入冰箱。隔日開始料理餐點前，先從冰箱取出，等到吃飯時間大概就回到室溫了。想吃熱的可以放在運轉中的烤箱上方回溫。

材料

- 蘋果 3-5 顆
  （視大小而定，多餘的
  可以拿去烤雞）
- 紅糖 1/3 杯
- 檸檬汁 1/2 杯
- 肉桂粉 1-2 茶匙
- 香草酊劑 1 茶匙
- 麵粉 1 大匙
- 鹽少許
- 9 吋淺塔盤塔皮 1 份
- 奶油 1/4 杯，切丁

步驟

1. 烤箱預熱至 180℃。
2. 蘋果削皮（沒上蠟的蘋果不去皮也可）對半切，去核後切成薄片，保持半顆蘋果薄片整齊排列的狀態，泡在檸檬汁裡面避免變色，也增添酸香。
3. 在塔盤上面鋪好派皮，壓好收邊。
4. 取出蘋果片，滴乾檸檬汁，在塔盤中排列整齊，直到排滿整個塔盤。
5. 泡過蘋果的檸檬汁放進攪拌盆，加入肉桂粉、麵粉、紅糖、香草酊劑和鹽，混合均勻成為香料粉糊。
6. 將香料粉糊均勻倒在蘋果片上，再撒上切好的奶油丁。
7. 放進烤箱烘烤約 1 小時，直到塔皮變成金黃色，蘋果看起來已經軟化。從烤箱取出後稍微降溫就可以吃了。

我通常在大餐當日趁烤雞空檔做蘋果塔。或者在迎接節日來臨的一週前就先烤來吃，「預告」感恩節的來臨。

蘋果塔 ／ French Apple Tart ／

感恩節一定要有蔓越莓果醬，日常餐桌相伴也很好。蔓越莓可以改善女生的泌尿道感染問題，但大部分的蔓越莓果乾偏甜或太多添加物；蔓越莓汁則是蔓越莓含量不高，實際上喝糖水居多。所以如果感恩節前在各大量販超市有出現冷凍甚至新鮮蔓越莓，我就會買回來儲存在冷凍庫，不定期煮一點果醬，可以自己控制糖的份量，並且添加香料酊劑，增加香氣層次也延長保存期限。

感恩節餐桌上，家裡大孩子最愛的吃法是將蔓越莓果醬跟馬鈴薯泥拌在一起，老古板媽媽我覺得無法想像，但小孩樂此不疲。自己的味蕾偏好自己創造，沒有理由阻止。

材料

- 蔓越莓4杯
- 糖 100-200公克（依個人喜好）
- 香料：陳皮、新鮮檸檬皮、檸檬汁、肉桂、丁香苞（酊劑）、多香果（酊劑）、小荳蔻（酊劑）、肉荳蔻細粉等，依個人喜好調整

步驟

1. 厚底不鏽鋼湯鍋中倒入蔓越莓和糖，開小火加熱。蔓越莓遇熱會慢慢爆開，接著會出水，所以不需要加任何水，偶爾攪拌一下，確認沒有黏在鍋底。
2. 等蔓越莓全都爆開，糖也融化變成液體狀，繼續攪拌慢煮。
3. 陸續加入想要添加的香料。我一定會加的是新鮮現刮的檸檬皮、丁香苞和多香果、小荳蔻的酊劑（酊劑作法見3-4章）。沒有酊劑的話可以直接加香料，吃的時候留意果醬裡面會有香料就是了。其他就看心情與當下家人身心狀況的需求。份量不需多，足以疊出香氣即可。
4. 慢慢煮到水分逐漸蒸發，果膠被煮出來，鍋內開始有黏稠冒小泡泡的感覺。熄火冷卻後，就會變成果醬的質地。可以裝瓶保存，或者放在保鮮盒內，隔日吃大餐時使用。

我通常也會提早製作蔓越莓醬，作為迎接節日到來的預告，那幾日早餐可以吃蔓越莓醬夾土司。

蔓越莓果醬 / Cranberry Sauce /

蛋奶酒
/ Eggnog /

不知你是否跟我一樣，在揮別過去一年的跨年夜，總會回顧 365
天以來發生的好事、壞事，回想喜憂兼具的一年。尤其疫情這兩
年，感覺似乎特別多事多憂。無論如何，一年過去，熟悉的、不熟
悉的事件發生了，也面對了，好的與不好的我們也都承接住了。在
年度的最後一天，溫度多半冷冷的夜晚，喝一杯蛋奶酒溫暖身心。

這杯蛋奶酒的關鍵在最後撒上去的新鮮肉荳蔻粉末。肉荳蔻的
功效，可以殺菌、消毒、防腐、助消化、壯陽、調經、鎮痛、抗風
溼、抗痙攣、鎮靜、舒眠。不過，在辛苦了一年的最後一夜，不要
那麼認真管什麼療效。舉杯，喝酒吧！

材料

- 蛋 4 個
- 糖 1/2 –1 杯，自己決定甜度
- 全脂鮮奶 2 杯
- 鮮奶油 1 杯
- 波本酒（Bourbon）、蘭姆酒或
  威士忌 1/2 -1 杯（不喝酒者可
  省略）
- 肉荳蔻

工具

- 中型的碗／攪拌盆
- 打蛋器
- 電動攪拌棒
- 小湯鍋
- 香料研磨刀／器

步驟

1. 將蛋黃和蛋白分開，蛋白放在碗裡備用，蛋黃放進小鍋。
2. 在放有蛋黃的小鍋內加入糖，用打蛋器攪拌至乳化均勻。
3. 加入牛奶、鮮奶油和一半份量的酒，攪拌均勻。
4. 以小火加熱蛋、奶、酒的混合液體，至開始冒煙有熱度即可關火，鍋子留
   在爐上保溫。
5. 用電動攪拌棒將蛋白打發（泡沫細緻、結構堅固的蛋白霜狀）。
6. 在蛋奶酒混合液裡加入另一半份量的酒（不喝酒者可省略），把蛋白霜一匙
   一匙慢慢拌入蛋奶酒，部分蛋白霜會漂浮在表面，類似卡布其諾的奶泡。
7. 現磨肉荳蔻粉末，撒在蛋白霜泡泡上面，喝酒。

暖身助消化的節日香料
Spices for Digestions and Circulations

　　美國人在過節期間有個普遍說法，指火雞肉裡面含有色胺酸（Tryptophan），是人體用來製造褪黑激素和血清素的一種胺基酸，所以吃完會讓人特別放鬆、想睡覺。但其實肉類的色胺酸含量都差不多，其他肉類吃完也沒這麼睏。認真看一下餐桌上的菜色，糖、油、澱粉含量都很高，享用大餐後誘發胰島素釋放，跟接下來一連串的身體機制，使得更多色胺酸進入大腦，生成更多的褪黑激素，因此讓人昏昏欲睡。

　　再仔細想想，過節前我們把工作趕完以便好好度假吃大餐，還有辛勤採買、備料也很累人，累積造成身體的緊張與壓力，到吃大餐這一刻完全放鬆，副交感神經

衝出來提醒可以休息了，想睡覺也是正常發揮。

　　回頭再想，入秋冬要吃大餐這樣的習慣，除了美國特有的感恩節之外，台灣早年也都有秋收後全村敬神謝天的習俗，大開宴席邀請親友一起慶豐收。農村生活辛苦，豐收時節才吃大餐準備過冬很合理。那樣的年代營養不如現代人豐足，一年補一回很合宜。

　　習俗演變至今，慣例的節慶大餐，認真說起來對現代人身體是種負擔。但過節的傳統保留下來了，節日也讓季節的步調有變化，有讓人期待的家人歡聚時光與餐食。過節不是問題，記得以凡事適量（Everything in Moderation）為原則，好好的料理好好的吃，可以少量多餐，吃完記得適時起身散步活絡循環。大餐也無須經常為之，最重要的是記得多運用香料幫助消化與循環。

吃甜甜

4-3

Live a Little

　　料理和烘焙甜點都常使用香料，我們已經很熟悉在甜甜的氣味裡面撞見肉桂、丁香苞、肉荳蔻和薑等，但很多時候拿出這些香料，大部分人聯想到的可能還是鹹的菜色。香料在甜點裡面其實扮演了畫龍點睛的角色，提升風味和層次，增加濃郁的香氣。即使只是撒上一點點香料粉末，就可以讓「普通」甜點立即變成「高級」甜點。

　　尤其是在冬季。雖然肉桂、丁香苞、肉荳蔻、綠荳蔻這些香料原生地都在熱帶地區，但在冬季寒冷的歐陸，從中世紀就有各種紀錄，建議人們在冷天食用這些提振心神並促進循環的香料，維持身體的溫暖與健康。許多典籍都記錄著各種香料可以幫助消化，還可以幫助身體的四種體液（Four Humors）維持平衡。

　　香料的用途包括烹飪和醫療。中世紀的歐洲人經歷十字軍東征和大航海時代，透過陸路與海上貿易才能取得各種神祕的香料，現在的我們只要走到巷口超市或中藥草店就可以得到這些「異國風味」。無論如何都多多利用這些溫暖的香氣，來陪伴自己好過冬吧！

秋季出現的各色香料中，最具有代表性的就是南瓜香料（見2-4章）。秋天也是南瓜的季節，講起南瓜，就會立刻想到萬聖節（Halloween），所以我常在秋風吹起時就會買南瓜回家，切片煮火鍋也好，感恩節做南瓜派也好。做派的時候多半會剩下一些南瓜泥，如果沒有拿去煮南瓜湯，暫時先收冷凍庫一段時間之後，再發現它，我就會拿來烤南瓜蛋糕。

充滿南瓜與香料氣味的蛋糕，作法很簡單也不太容易失敗。只是甜滋滋的，表面還撒了糖，就只好拿冬日需要脂肪禦寒為藉口。週末的下午，泡杯茶或手沖咖啡，把蛋糕切片端上桌，吃完再到公園跑跑跳跳運動一下，日子也就不那麼艱難。

材料

- 中筋麵粉 230 公克
- 泡打粉 1 又 1/2 茶匙
- 小蘇打粉 1/2 茶匙
- 肉桂粉 4 茶匙
- 現磨肉荳蔻粉 1-2 茶匙

- 丁香苞粉（或酊劑）1/4 茶匙
- 南瓜泥 200 公克
- 融化的奶油 1 杯
- 砂糖 1 又 1/3 杯

- 鹽 3/4 茶匙
- 蛋 3 個（室溫）
- 砂糖 2 大匙
  （撒在麵糊上的份量）

步驟

1. 烤箱預熱至 165°C。把 9x5 吋的蛋糕模或土司模內側塗上奶油備用。
2. 將麵粉、泡打粉、小蘇打粉、肉桂粉、肉荳蔻粉和丁香苞等乾料細粉在攪拌盆內混合均勻。
3. 奶油、南瓜泥和砂糖以攪拌機或打蛋器攪拌均勻，鍋邊的材料也刮進來拌勻。一次打入一個蛋，持續攪拌到所有材料都均勻混合。
4. 將步驟 2 的乾粉材料慢慢加入，用矽膠刮刀不斷把材料從鍋邊刮到中間，確認所有材料都充分混合，並且質地均勻一致。
5. 麵糊倒入土司模內，表面刮平整之後，均勻撒上 2 大匙砂糖。
6. 放入烤箱烘烤約 1 小時，牙籤戳入蛋糕內抽出來是乾淨的，表示蛋糕已經完成。
7. 從烤箱中取出，在模內放涼，約 20-30 分鐘，脫模繼續放涼。
8. 完全冷卻之後，切蛋糕，就可以享用了。

南瓜蛋糕
／ Pumpkin Tea Cake ／

這幾年網路上時常出現肉桂捲大戰，跟南北粽之爭有拚場的意味，各種肉桂捲美圖在手機畫面上不斷出現，令人垂涎三尺。望照片興嘆的心情，大家應該都不陌生。

　　同樣的場景，在肉桂捲拍照這天也在我家上演。剛出爐且慷慨抹上糖霜的肉桂捲，擺在餐桌攝影棚，香氣四溢。家裡的甜食怪獸妹妹不停詢問：「拍好了沒？」「可以吃了嗎？」這類情景總讓我想起我常在網路上留言說的話：「不管哪個食譜，出現在你家餐桌上，永遠是最好的那一份。」

　　剛開始烘焙時，除了驚訝甜點裡面原來放了這麼多糖之外，為了照料自己與長工日益中廣的身材，我總是在製作甜點時偷偷減糖，做肉桂捲時對於長工「沒有奶油起司抹醬（Icing）就不能叫做肉桂捲」的苦苦哀求也悍然拒絕，總是在麵包出爐後就收工。

　　某次一時興起做了抹醬，才發現還真是不能少了這一味。奶油起司（Cream Cheese）、奶油和香草酊劑攪拌在一起的風味，溫潤平衡了肉桂黑糖的辛辣香氣，從此我家的肉桂捲就再也不省略這個步驟了。

　　這個實驗多次做出來的肉桂捲，在溫度開始下降的冬日烤一盤，從午茶到隔日早餐都充滿肉桂香氣。通常在感恩節前兩週烤，提醒大家要開始過節增肥，也透過促循環的肉桂和滋補的黑糖，為大家準備好迎接冷風。

肉桂捲

／ Cinnamon Rolls ／

材料

麵團

- 牛奶 3/4 杯
- 酵母 7 公克
- 砂糖 1/4 杯
- 蛋 1 個
- 蛋黃 1 個
- 無鹽奶油 1/4 杯
- 高筋麵粉 3 杯
- 鹽 3/4 茶匙

肉桂黑糖餡

- 黑糖 2/3 杯
- 肉桂粉 1 又 1/2 茶匙
- 無鹽奶油 1/4 杯

奶油起司抹醬

- 奶油起司 1/2 杯
- 無鹽奶油 3 大匙
  （室溫軟化）
- 糖粉 3/4 杯
- 香草酊劑 1/2 茶匙

tips

一般而言甜麵包也可以用中筋麵粉製作，但黑糖肉桂捲屬於滋補的甜點，建議選用高筋麵粉，發酵出來的麵團更為鬆軟甜香。

步驟

1. 牛奶放入微波爐，微波 30-40 秒，加熱到約 45°C，然後倒入攪拌盆，撒上酵母，加入糖、全蛋、蛋黃和融化的無鹽奶油，攪拌均勻。

2. 加入高筋麵粉和鹽，用電動攪拌機攪拌約 8 分鐘至麵團成形。如果麵團太黏，可以撒 1-2 大匙高筋麵粉。沒有攪拌機的人，可以用手揉麵約 8-10 分鐘，至麵團表面光滑成形。

3. 把麵團放入抹了油的攪拌盆，蓋上溼布發酵約 1-1.5 小時，至麵團長成兩倍大。

4. 工作檯面撒上麵粉，把麵團倒出來，靜置 10 分鐘後，擀成大約 20x40 公分的長方形。把 1/4 杯軟化的無鹽奶油塗到麵團上，邊緣留 1 公分左右不要塗。

5. 黑糖和肉桂粉放入碗內，攪拌均均，撒到塗好奶油的麵團上面，接著用手把香料黑糖輕壓入麵團內。

6. 從短邊開始捲麵團，盡可能捲緊，用最後沒有塗奶油的 1 公分部分讓麵團黏住，黏合處朝下。

7. 捲好的長條麵團平均切成大約 8-9 份，把切好的麵團平放入烤盤。可以先在烤盤內鋪上烘焙紙，以免麵團內的餡料在烘烤過程中漏出來。蓋上保鮮膜，在室溫中發酵約 45 分鐘。

8. 烤箱預熱至 180°C，把烤盤送入烤箱烘烤約 22-25 分鐘，麵團邊緣略呈金黃即可。從烤箱取出，冷卻 5-10 分鐘。

9. 等候麵團冷卻的同時製作抹醬。把奶油起司、奶油和糖粉、香草酊劑量入碗內，用叉子用力攪拌至滑順。將抹醬塗到還有餘溫的肉桂捲上，沖一壺茶，好好享受。

香料燕麥餅乾

/ Spice Oatmeal Cookies /

這個經典的燕麥餅乾食譜，在我對烘焙還不太熟悉時就開始使用，鮮少失敗。我曾經將配方裡的奶油換成椰子油，先放入冰箱冷藏，椰子油凝固後再拿出來操作，增添椰香。這些年隨著對香料的認識，加入不同的香料細粉和酊劑，逐漸調整成目前的版本。

有一段時間我們常去市集擺攤，我賣手工皂，長工先生賣底片，小孩在市集裡認識來自各地的手作、農作叔叔阿姨爺爺奶奶們。從親手製作或種植的人們手上購買商品，是那幾年我給自己和孩子認識世界最好的方式。

市集裡見習久了，現在已經是國中生的姐姐，在當年還是小學生的時候，就想著要去市集賣東西賺零用錢。我陪她烤了巫婆版的加料香料燕麥餅乾到市集販售，幾年下來，她從需要大人陪著烤餅乾，到現在可以獨立烘焙一手包辦。她常在市集裡跟隔壁攤叔叔嗆聲，說她早早便完售收攤。賣餅乾賺來的錢，還為自己買了人生第一支手機，也是一項人生成就。

材料

- 核桃（Walnut）
  或胡桃（Pecan）1 杯
- 奶油 3/4 杯，室溫軟化
- 黑糖 3/4 杯
- 蛋 1 個
- 香草酊劑 1 小匙
- 中筋麵粉 3/4 杯
- 小蘇打粉 1/2 小匙
- 鹽 1/2 小匙
- 肉桂粉 1/2 小匙
- 小荳蔻酊劑 1/4 小匙
- 多香果酊劑
  或細粉 1/4 小匙
- 大燕麥片 3 杯

步驟

1. 烤箱預熱至 180°C。
2. 把核桃或胡桃平鋪在烤盤上，進烤箱烤約 8-10 分鐘，留意不要烤焦。放涼後剝或切小成塊，不要太碎吃起來比較有口感。
3. 奶油和黑糖放入碗中，用手動或電動攪拌棒攪拌到綿密。加入蛋、香草酊劑拌勻之後，再加入麵粉、小蘇打粉、肉桂粉和其他香料（還可以加薑粉、丁香苞酊劑等），全部混合均勻。
4. 拌入步驟 2 的堅果和大燕麥片。燕麥片看起來比麵糊多很多，但不要懷疑，全部攪拌在一起就對了。
5. 拿出烤盤，用湯匙、手或冰淇淋勺，一次挖一小球餅乾麵團（大約 1/4 杯），放到烤盤上，接著用手掌心或湯匙背把圓球稍微壓扁，每個小團間隔約 3 公分。
6. 送進烤箱烤大約 15 分鐘，或表面成金黃色。出爐放涼再吃才會酥酥的，乖，不要急。

香草布丁

/ Vanilla Custard /

對大部分人來說，聞到香草氣味的當下多半是香甜、舒服、令人放鬆有幸福感的。

在某些特別覺得疲累、抑鬱不開心，或者忙了一整天的工作，晚餐過後希望可以來一份甜點，撫慰自己疲累身心的時刻，長工常會問我：「要吃什麼甜點？我去買。」浮現腦海的往往是香草布丁或烤布蕾這一類充滿蛋奶香氣的甜點。

但是超商或超市輕鬆可購得的布丁，通常過不了鼻子和味蕾這一關，總是邊吃邊打分數，這個不及格，那個勉強可充數，但絕對稱不上滿足。

而巫婆櫃子裡不會短少的香料之一，就是香草豆莢。在聞過它的香氣之後，當然就更沒有理由滿足於市售布丁的氣味。所以偶爾偶爾，因為步驟繁複，所以只能偶爾，就自己來蒸／烤香草布丁吧！尤其在疫情肆虐壓力爆表的時刻，撫慰心靈格外重要啊！

我選擇用 200 毫升裝的保羅瓶，因為製作的步驟認真說起來不算容易，既然要做，就好好的、認真的多吃一點，幸福加倍。

焦糖液 | Caramel

糖跟水的比例大約3：1，這個配方可以做15-20個
200毫升保羅瓶份量的布丁。考慮一不做二不休
的，一週連著烤個2次布丁，可搭配把放肆購入的
1公升裝鮮奶油用完。

材料

- 砂糖300公克
- 水100公克

步驟

1. 烤盤鋪上烘焙紙備用。
2. 糖和水放入鍋內，確認所有糖都泡到水後，開
   中小火煮焦糖。隨著溫度上升，糖液會開始變
   濃稠起泡，持續以中小火加熱。
3. 加熱一段時間後會發現泡泡破掉的速度減緩，
   水分越來越少，糖液變得更加黏稠顏色也變
   深。等顏色變成深褐色（但不是燒焦的黑）的
   時候，就可以離火，把糖液倒入烤盤內。
4. 拿湯匙趁糖液還在半液態的時候把氣泡戳破，
   接著把糖片放入冷凍庫裡面固化。
5. 從冷凍庫取出焦糖片，用湯匙敲碎，每200毫
   升的保羅瓶內約放入20公克的焦糖片（或依
   照個人喜好增減）。

布丁液 | Custard Mixture

這是10個200毫升保羅瓶的份量。

材料

- 蛋2個
- 蛋黃6-8個
- 全脂鮮奶1000公克
- 鮮奶油360公克
- 砂糖100公克
- 香草莢2根

步驟

1. 全脂鮮奶倒入鍋中。取香草莢,縱向劃開之後,把香草籽刮進鮮奶裡面,再將香草莢丟進牛奶鍋一起煮。慢慢加熱香草牛奶至約65-70°C(可以用溫度槍測量)熄火,牛奶不至於起泡煮焦,但熱度足以萃取出香氣。熄火後蓋上鍋蓋燜一下,讓香氣充分釋放。

2. 掀蓋加入糖和鮮奶油,攪拌均勻後,重新開中小火加熱,一樣不要煮到沸騰,控制在80°C以內,溫度到了就熄火。

3. 把全蛋和蛋黃打在鋼盆內,用攪拌棒把蛋液打散。

4. 將溫熱的香草鮮奶油液慢慢倒入鋼盆,一邊以攪拌棒攪拌均勻。鍋內的香草籽也刮入,撈出香草豆莢,也可以將布丁液過篩,濾掉比較大塊的黑色香草籽。

5. 將布丁液裝入有嘴的量杯,可以用湯匙把表面的氣泡弄破或撈出,然後以長湯匙為緩衝(避免產生氣泡),將布丁液沿著長湯匙緩緩倒入保羅瓶內。

6. 在保羅瓶上蓋好鋁箔紙,沿著瓶口確實壓好,再將布丁瓶放入蒸鍋或電鍋。鍋內放1公分高的水,鍋蓋墊上一支筷子,按下蒸煮。電鍋開關跳起或蒸煮30-45分鐘後,取出檢查布丁是否凝固,沒有汁液流出就是完成了。(也可用烤箱水浴法蒸烤,烤箱溫度預熱至200°C,深烤盤放入布丁,盤內加入滾水至少到瓶身半高,烘烤約30分鐘。)

7. 蒸/烤好的布丁,放涼之後送入冷藏至少6小時或隔夜,拿出來,吃光光。

香料熱紅酒
／Mulled Wine ／

香料熱紅酒"Mulled Wine"中的"Mull"是醞釀的意思，Mulling就是把香料與水果放在果汁、水果酒、紅酒等飲料中加熱入味，讓芳香的氣味在溫度裡醞釀熟成，變成溫熱好入口的飲料，冬日夜晚小酌之後，溫暖入眠。

香料熱紅酒中的香料組合（Mulling spices）非常多樣，傳統上多半會有的是肉桂、丁香苞、多香果跟乾橘皮，額外還可以添加的包括香草、小荳蔻、檸檬皮、肉荳蔻、薑片、八角、香茅等等。另外還有蘋果丁、橘子等水果，家裡有洛神花、蔓越莓的話，加進來一起煮也很適合。只要組合出自己喜歡的氣味，就可以煮出一鍋暖香的熱紅酒，在節日夜晚與家人親友同歡。

每次煮酒，在社群網站貼出香料種類的時候，就會有人問我，是要滷肉嗎？説起來這些組合拿來滷牛肉或台式炕肉確實也非常適合。跟煮香料熱紅酒一樣，家裡有什麼就放什麼，少一味其實也沒有什麼關係。

材料

- 紅酒750毫升1瓶
- 檸檬1顆
- 橘子或柳丁1顆
- 蘋果1顆
- 丁香苞6粒
- 多香果3-4顆
- 肉桂棒1根
- 肉荳蔻1顆，磨粉用
- 小荳蔻4顆
- 香草豆莢1支
- 八角2個
- 砂糖160公克

步驟

1. 檸檬皮和橘子皮用水果刀或刨絲器削下來，避開白色部分，只取富含精油的果皮。
2. 砂糖、橘皮、檸檬皮放入鍋內，以中小火加熱，擠入橘子的果汁和少許的檸檬汁，慢慢把砂糖煮成糖漿。
3. 加入丁香苞、多香果，肉桂棒等香料（可以用酊劑取代）一起熬煮。同時把小荳蔻的殼剝掉，肉荳蔻磨粉加入（約1/4顆即可），香草豆莢也用小刀劃開，香草籽加入鍋內的糖漿。
4. 倒入約1/4瓶紅酒，小火煮開。
5. 確定所有的糖都已經溶解之後，轉中大火，煮約5分鐘之後成為充滿香味的糖漿。關小火，將剩餘的酒加入，再煮5-10分鐘就可以舀到杯子裡面，與家人朋友一起好好享用冬夜裡的一杯暖身熱紅酒。

甜點香料學

Spices in Desserts

中世紀的料理、醫療書籍記載，冬季宜服用香料，根據體質與環境搭配各種組合的香料氣味，在溼冷的冬天裡為食物飲料加香，濃烈、強勁、熱辣的香氣，多半可以祛溼、暖身又暖心。

冬季甜點常見要角：

▶ **薑：**溫暖、辛辣，搭配蘋果、梨子、南瓜、檸檬和巧克力都合宜。除了市場上的嫩薑與老薑之外，很建議準備一罐乾燥薑粉，便利運用。

▶ **肉桂：**中藥鋪與香料店都買得到，桂皮、肉桂棒與肉桂粉在廚房裡各有適合的地方。煮茶、紅酒或熬醬汁適合用整根肉桂棒，肉桂粉適合少量撒在咖啡茶飲中，也在肉桂捲、蘋果派、南瓜派和其他餅乾蛋糕裡面出沒；中式甜點八寶粥、桂圓粥撒一點也極好。

▶ **綠荳蔻**：薑科植物，綠色種莢打開後取用裡面的黑色果實，帶有甜甜果香與獨特的溫暖香氣。煮茶、麵包、派塔、餅乾麵包都很合用。

▶ **肉荳蔻（以及肉荳蔻皮）**：肉荳蔻是奶蛋酒、薑餅、蘋果派裡面常有的成份，如果買得到肉荳蔻的紅色花邊皮，氣味稍微不同，可以拿來加在有漿果和水果的派塔甜點裡面。

▶ **丁香苞**：辛辣、刺激、微苦的丁香苞，中藥店就可購得，常跟肉桂、肉荳蔻、多香子等香料一起搭配使用。氣味很濃，少量即可。常見在南瓜派、香料餅乾、糖霜、製作糖漿或果醬的時候使用。因為味道很濃，我喜歡製作成酊劑，一方面保存氣味時間可以拉長，另一方面是以滴為單位添加，比較不會失手加太多，覺得自己剛從牙科診所回來。

▶ **多香果**：看起來很像比較大顆但表皮光滑的胡椒粒，氣味是水果香與胡椒辣味兼具，常添加在果醬、茶飲、蛋塔布丁類，以及其他有水果的甜點，跟巧克力搭配也很適合。

▶ **甜茴香**：與八角茴香無關，這種繖形科的開花植物，跟芹菜是同一家族的香料。種子帶有甘草味，甜甜香香、微辣。磨成粉後常被添加在水果餡料內，搭配餅乾、蛋糕或布丁，或加入麵包的麵團。也可以把茴香籽細粉撒到熱巧克力、茶和咖啡飲料中。

正蔥二韭

　　爸媽家菜園裡常駐的兩畦菜圃，分別是蔥和韭。每年帶小孩回阿公阿嬤家過年，傍晚採收蔬菜的時刻，媽媽總會問要不要多帶些韭菜。這個季節的韭菜最好吃了，跟非產季超市買的韭菜比起來，真的是香氣濃度加倍優越。

　　二月則是青蔥的季節。媽媽近年越種越有心得，時時覆土，這樣挖出來的蔥白長而皎潔，綠色部分也壯碩挺拔。我們總是大把大把採下來，在水井旁掏洗後瀝乾，直接轉為加工廠模式，切段，切珠，裝袋，回到家後立即冷凍收藏。這樣一來，即使過了盛產季節，存糧仍源源不絕，炒飯需要蔥珠增加香氣時，只要從冷凍庫深處挖出庫存就好。

　　俗諺說，正月蔥，二月韭。近年來可能因農技發達，一年四季都買得到青蔥與韭菜，但「正蔥二韭」這個說法，就在每年冬末跟媽媽一起割韭菜、收青蔥時，在我腦袋裡烙下深刻的印象。而初春收在冷凍庫的蔥段，可以到農曆吉祥月都過了，我仍然有源源不絕的蔥段可以運用，這算是擁有綠手指爸媽的女兒賊我最幸福的一件事情了。

韭菜和芫荽一樣是有點爭議性的角色，有人喜歡，有人挑掉不吃。我家的孩子也許遺傳到媽媽的台灣基因，對氣味相對濃厚的韭菜完全不排斥。從阿嬤家採收的韭菜，有時清炒，連肉絲都不用放，兩姐妹一樣吃光光。韭菜盛產時，我們會包水餃，塞滿整個冷凍庫的韭菜水餃，讓忙碌的巫婆媽媽和長工爸爸可以少煮一餐，常在工作關鍵時刻拯救我們。

　　因為容易栽種，台灣鄉間對於韭菜都很熟悉。小時候常吃的午後點心炒大麵，除了便宜的高麗菜、胡蘿蔔之外，媽媽通常還會加一把韭菜。炒豆芽時得加韭菜，韭菜煎蛋、韭菜煎餅也是常見菜色。

　　但成長過程中最懷念的其實是路邊攤的蚵嗲，以黃豆粉加麵粉做成麵皮，韭菜、青蚵為內餡，炸到焦黃酥透，放入牛皮紙袋中，拿在手上一邊吹氣，一邊小心翼翼地咬一口，讓裡面熱蒸氣飄出散熱，再咬一口品嚐那蚵仔和韭菜香氣交融的氣味，寫著寫著直讓人想奪門出去覓食。

　　但蚵嗲攤販越來越少，要取得鮮蚵也不一定容易，加上現代人飲食優渥，油炸品開始盡量少吃，想著想著也只好望網路圖片興嘆。

　　不過還好，我們至少還有韭菜盒子，像極了大型的煎餃，也類似義大利人的披薩餃（Calzone），把餡料用麵皮包起來，一次只要吃兩個就飽了。週末假日與小孩一起燙麵，包巨型餃子，也是很好的家庭活動。

韮菜盒子

／Chives Calzone／

材料

溫水麵團

- 中筋麵粉300公克
- 鹽4公克
- 水160毫升

餡料

- 冬粉2把
- 豬絞肉280公克
- 韭菜160公克
- 豆乾50公克
- 沙拉油1大匙
- 醬油1茶匙
- 太白粉1大匙
- 酒1茶匙
- 鹽3公克
- 二砂1/4茶匙
- 白胡椒粉1/4茶匙
- 香油20公克

步驟

1. 溫水麵團：將水倒入鍋中，加熱至約65℃。麵粉倒進揉麵盆，加入鹽和溫水，搓揉至麵團成形且表面光滑。以溼布蓋住麵團靜置10分鐘，再揉麵1分鐘。

2. 麵團揉成長條後，分割成大約10個小麵團，每個重量約45公克，擀開成約0.2公分厚薄皮，備用。

3. 冬粉泡水變軟後，切成1公分小段，韭菜洗淨切碎（0.5公分小段），豆乾也切成小丁。

4. 豬絞肉加入醬油、酒和太白粉，攪拌均勻。

5. 起油鍋，加入豬絞肉和豆乾，以中小火拌炒約5分鐘，熄火盛入大碗。放涼後，拌入韭菜丁和其他調味料，就是韭菜的內餡。

6. 取步驟2的麵皮，包入約40公克的餡料，把皮由下往上蓋起來之後，整形壓緊邊緣收口。

7. 平底鍋熱鍋後加入1大匙油，放入韭菜盒子，轉小火，將韭菜盒子每一面都平均加熱過後，蓋鍋蓋燜2分鐘，再掀鍋蓋將表面烙至焦黃即可。

蔥油餅

/ Spring Onion Pancakes /

入台隨俗的長工先生，幾年下來在飲食文化薈萃的台灣也吃過大江南北料理。上北方小館吃牛肉麵、小米粥的時候，長工必點牛肉捲餅或烙餅，再不濟也非得來份蔥油餅，邊吃邊打分數。

　　後來我們也開始嘗試自己在家煎蛋餅、酥脆的蔥油餅或抓餅，自己從切蔥珠與和麵做起，和市售包裝品比起來還是比較可口。做好的蔥油餅可以用烘焙紙層疊隔開，放入密封袋後冷凍保存。

　　如果滷了牛肉（見 2-4 章），當天吃牛肉麵，隔日中餐可以將冷藏後的牛腱切薄片，搭配自製蔥油餅，加上蔥段與醬油膏捲起，就是好吃的牛肉捲餅。

　　累積了幾年經驗，長工先生現在也可以毫不費力地自製牛肉捲餅，再搭配自己做的台式蒜香辣椒醬（見頁 115）。

　　奇妙的是，撰寫本書期間，我們兩人分別在各自的家族中得到先人就在身邊看顧的訊息。

　　例如搬到現居處近三年，我們才意外發現，長工的阿嬤就出生於兩條街外，我們常散步經過現已破敗的閩式宅厝。這或許可以解釋為何初返台炒菜味道很奇怪的長工先生，隨著我們搬家距離祖厝越近，他的台式料理廚藝也越進步的函數關係。這一路走來的味蕾與廚藝發展史，也算是流著台灣血液的混血兒回家之路。

材料

- 中筋麵粉400公克
- 冷水280公克
- 青蔥適量
- 鹽8公克（每張蔥油餅4公克）
- 植物油

步驟

1. 攪拌盆放入400公克麵粉，加水攪拌，剛開始麵團會非常黏手，但是一定要有耐性不要加粉，持續攪拌到中式麵團需求的三光（麵光、手光、盆光）狀態。
2. 把麵團分成2份，在麵板上揉光後，蓋上溼布靜置約20分鐘，讓麵團醒一下。
3. 切蔥珠。如果買到的蔥體型比較大，記得剖開再切珠（要買新鮮的，不要用冷凍的蔥珠，會後悔！）。
4. 取一個麵團擀開，板子上撒少許麵粉防沾黏，擀至麵皮呈圓型，厚度大約0.2公分。
5. 將4公克鹽均勻撒在麵團上，擀過讓麵團吸收。
6. 倒油到麵團上，讓麵團表面均勻的沾上一層油，然後撒上蔥珠。
7. 從靠近身體的一側開始捲麵皮，將麵皮捲成紮實的圓柱體，兩端收口捏住中間，兩手反方向如扭麻花般將麵團扭轉盤成螺旋狀，蓋上溼布，鬆弛20分鐘。
8. 麵板上塗一點油，把麵團壓扁平成約1公分厚。
9. 熱鍋，烙餅。煎到兩面上色時，以鍋鏟取起油餅用力甩，兩面各甩一次，把剛才盤麵團形成的層次分離開來。此時大約只有七、八分熟。
10. 接著鍋內放油，開始煎炸，火開稍大些，兩面煎到酥脆方可起鍋，放在餐巾紙上吸收過多的油，就可以切片享用了。

蒔蘿（Dill）也是台灣冬季至初春市場上常見到的香草，鄉下叫做「茴香仔」，它似乎不是台灣人都熟悉的味道，此外因為性冷，我家爸媽覺得老人體虛，不適合也不愛，從小我們也極少嘗試，近年我才偶爾會在網路上看有人分享蒔蘿的食譜。後來因為我們喜歡，爸媽也為我們這個「怪怪的」美台混血人家庭種了一些。

順帶一提，雖然蒔蘿又稱為茴香仔，但偶爾在市場上會看到帶著球莖的甜茴香，跟蒔蘿是完全不一樣的植物。甜茴香可以切成條狀炒肉絲或里肌肉片，或與雞肉放在一起，撒上少許鹽和黑胡椒，用鋁箔紙包好入烤箱烘烤，也是很方便的料理。

蒔蘿的台式吃法是切末放入打散的蛋液，再加少許醬油膏煎成茴香仔煎蛋，偶爾豪邁一點起大油鍋做成烘蛋。記得加點薑末可以平衡氣味，也可稍平衡茴香仔的冷；油鍋中可以斟酌混摻一些麻油，也會比較「熱」一些。如此再三提醒，是因為曾經有體虛的家人吃完烘蛋之後，晚上就拉肚子了，所以大家記得自己斟酌身體狀況。

而蒔蘿的西式吃法，我最喜歡的就是做成帶著檸檬香氣的蒔蘿雞胸了。這裡分享希臘風格的雞胸肉料理，把肉類換成其他海鮮或魚類也很適合。喜歡蔬食的朋友，可以煎烤根莖類蔬果，如馬鈴薯、番茄、茄子、紅蘿蔔、蘆筍、櫛瓜、南瓜等，佐以相同的優格醬或搭配田園沙拉醬（Ranch Dressing），撒上少許蒔蘿葉，就是很好吃的熱沙拉。

希臘風蒔蘿雞胸肉 / Dilled Chicken /

材料

優格醬料

- 大蒜 1 顆切碎
- 蒔蘿 1 杯，去梗切碎
- 希臘優格 1 又 1/2 杯
- 橄欖油 1 大匙
- 檸檬 1/2 顆，榨汁
- 卡宴辣椒粉少許
- 鹽少許

烤雞

- 大蒜 10 顆，切碎
- 匈牙利紅椒粉 1/2 茶匙
- 多香果粉 1/2 茶匙
- 肉豆蔻粉 1/2 茶匙
- 小荳蔻 1/4 茶匙
- 鹽與黑胡椒少許
- 橄欖油 5 大匙
- 去骨雞排 8 塊
- 紅洋蔥 1 顆，切末
- 檸檬汁 1-2 顆

tips

蒔蘿也常用來醃漬夾漢堡熱狗的酸黃瓜（見1-3章），或是製作塔塔醬，有興趣可以嘗試看看。

冬季至初春會在台灣市場上出現的蒔蘿，到了四、五月就不太容易買到了。如果喜歡蒔蘿的氣味，可以在產季買幾把，處理好收做夏季使用。有幾種保存方法：

- 洗淨，切段，稍微噴溼後以廚房紙巾包住，裝在夾鏈袋內，收在冷凍庫。
- 洗淨，晾乾，倒掛陰乾約2-4週，見乾燥酥脆就可用手捏碎，以大盆子盛接後收到玻璃罐內，就是乾燥的蒔蘿香料；也可以再打成粉。
- 洗淨，晾乾，切段。煮好一鍋米醋或蘋果醋，熄火後泡入蒔蘿，靜置放涼萃取數小時，再以細目濾網濾掉蒔蘿，將醋裝瓶作為夏季醃漬使用。

步驟

1. 製作蒔蘿優格醬：把大蒜、蒔蘿、優格、橄欖油和檸檬汁、卡宴辣椒粉等材料倒入食物調理機，攪拌均質化成濃稠醬汁，淺嚐味道後再酌量加入鹽調味。倒入小碗放入冰箱冷藏備用。

2. 取小碗放入切碎的大蒜、香料和3大匙橄欖油。雞排肉洗淨拍乾後，把醬料均勻地塗布在雞肉上。

3. 烤盤上鋪滿紅洋蔥丁並淋上檸檬汁，把塗好香料的雞肉放上去，淋上剩餘的2大匙橄欖油，加蓋冷藏約2-4小時或隔夜入味。

4. 烤爐開中大火，把雞排肉放在烤架上，加蓋烘烤約5-6分鐘，翻面再繼續加蓋烤5-6分鐘至烤熟並且上色完成。

5. 將雞肉與蒔蘿優格醬擺盤上桌。可以搭配先蒸熟再煎到香酥並撒上香料鹽的馬鈴薯，或佐以中東口袋麵包，搭配地中海口味的沙拉，也是清爽的選擇。

正蔥二韭的
台灣民間養生學
Eat Your Seasonal Herbs and Spices

父母口中的「正蔥二韭」，完整的版本是「正月蔥，二月韭，三月莧，四月蕹，五月瓠，六月瓜，七月筍，八月芋，九隔藍（芥蘭），十芹菜，十一蒜，十二白」。

民間養生諺語意味著在蔬菜生產時節吃當令的食物。所以俗諺裡面有兩個訊息，一是這個季節裡「大出」的是哪些蔬菜，二是這個季節的人體要吃什麼比較好。當然現在隨著氣候變遷、農業技術的改良，有些蔬菜可能一年四季都看得到，不過俗諺裡的養生智慧，仍是很好的參考資料。

例如正月吃蔥、二月吃韭菜，意味著即將進入春天，肝火準備開始從冬季的寒涼轉換旺盛起來，吃些跟

著節氣一起變溫暖的香菜，滋陰補腎。不管是蔥還是韭，在民間野菜食療的概念裡，都兼具去腥、提香、解毒、抑菌的功效，還可增加食欲、改善風熱感冒，聽起來真的很適合乍暖還寒的春季。

　　沒空做餅，把蔥韭切碎，打個雞蛋，做蔥花蛋或「韭菜蛋煎」（台語）也很不錯。

　　春生、夏長、秋收、冬藏，這是中醫的四季養生觀，台灣民間的養生觀也是這樣隨著時序進行。西洋藥草學常用藥草裡有很多就是廚房香草、香料，藥食同源的保健原理也相通：因應季節，吃對的食物。

▶ 春季生發，開始從寒冬中醒來，精神飽滿易怒，適合養肝，吃些微辛、乾溫、清淡的食物。

▶ 夏季繁茂，心氣旺，新陳代謝速率也快，影響脾胃，適合吃些涼性降溫、苦味助消化的食物。

▶ 秋季收斂，氣溫開始下降，空氣乾燥，避免寒涼食物，可以攝取溫補與酸、甜、黏性的食物。

▶ 冬季收藏，因寒氣凝滯，適合溫熱促循環的食物，忌生冷，養護身體，等待春季來臨。

後語

———

Epilogue

走了好久，終於回家

Finally Home

克服內心不斷的碎念，這本書終於來到尾聲。

國際影星凱特・溫斯蕾（Kate Winslet）曾在訪談中提到，她有時會被問到如何兼顧工作拍片和陪伴孩子成長，「你如何應付這一切？」（How do you juggle it all?）。她說，沒有什麼祕密，問題的關鍵字 "juggle" 就是解答——應付並安排來到眼前的每一件事。工作來了，全心全意盡可能有效率的工作，休息時間就專注陪伴小孩，好好活在每個當下。

疫情期間因為限制行動，宣傳多改為遠距視訊，對她反而是福音。她的孩子都漸漸長大快要離家了，所以這段時間特別珍貴。她跟孩子一起下廚料理，期許孩子離家後，可以煮出一桌基本的、健康的餐，甚至可以招待幾個朋友一起吃飯。在一起料理的時刻裡，看見孩子們因為真的學會、煮出了「有媽媽的味道」的那一鍋雞湯，臉上露出了光彩。

我聽到這一段心頭一甜，非常有共鳴。

我雖不是知名國際影星，生活中每天也有做不完的工作，有自己的網路商店、教室要經營，同時身為妻子、母親和女兒。這段時間，寫書與拍照的進度成為我最大的壓力，加上自我懷疑的念頭一直在腦袋裡喋喋不休，害怕自己沒有扮演好某個角色，有所疏漏。

撰寫這本書的過程中，書寫的人是我，攝影師是長工，過程中我們刻意把孩子囊括進來。寫的是餐桌風光，除了吃飯之外，討論大綱、排定時程、腦力激盪，也都在這張桌子上。

　　餐桌同時是我們的攝影空間，國中生姐姐是我們的食物造型師（Food Stylist）兼攝影助理，小學生妹妹則需客串助手或充當手模。我們這四個一起工作的貪吃鬼，在攝影工作結束後，總是很有默契的一起把終於拍好的菜吃光光。

　　有一天，我拿出了媽媽以前藥局用的磨藥缽給國中生姐姐磨藥草，準備塞入香草熱敷眼罩。我看她拿著我的藥草、阿嬤的研磨缽，忽然意識到此時此刻，在餐桌上，有三代女人的存在。類似這樣的連結，不停的在這本書的生產過程中出現。

　　2021 這一年，在不同的場合、不同的話題裡，一直出現阿嬤的身影。從釀漬陳年梅到清明節回家做潤餅，媽媽耳提面命，以前阿嬤都是這樣、那樣做的。那個春天的午後，淚光中大口大口咬下的是阿嬤傳承的、有媽媽味道的潤餅。

　　也在這一年，因生活忙碌與疫情緣故，不常回爸媽家，卻在每次的短暫停留中，跟爸爸在院子裡促膝常談，交換中草藥相關知識。爸爸年輕時屢次叩關中醫師檢定考未成，卻沒有放棄在日常中運用藥草知識照顧一家人。爸爸給了我中醫藥相關的書籍，握著父親交到手上的泛黃書冊，感到意義大不相同，那些吃什麼喝什麼照顧自家人身體的心意裡，有著父親的護持。

回到我們一家四口的餐桌上，料理感恩節大餐的時候，出現的則是太平洋那一頭長工阿嬤家的香氣。在感恩節哼唱著英國民謠〈史卡布羅市集〉的同時，巴西利、鼠尾草、迷迭香、百里香一一下鍋。那些在學習歷程中，將我不斷吸引進去的西洋藥草學書裡出現的名字，也陸續在我家餐食飲品中演繹幻化。

我有時會想，也許某個前世，我曾是與藥草一起工作的女巫，今世尋尋覓覓才在四十歲後慢慢清晰，走上追尋植物、香氣的自然療癒之路。

前世的畫面果然在某個時刻來到眼前，在某次催眠療癒的過程中，意外發現某一世我正是師承母系的藥女。

某次和媽媽聊天，我

說起我有靈動和感應的體驗，這幾年我常意外發現自己的靈感直覺很準確，尤其在處理芳療個案的時候靈光一現，還有許多說起來像是怪力亂神的事件。媽媽聽著突然也「爆料」說，其實她年輕的時候也「很有靈感」，在診所和藥局工作，哪個患者可能明天會來看診，她都知道。某回聊著聊著，她又說其實阿嬤很厲害，有誰生病吃壞肚子或哪裡不舒服，她就教人家去哪裡的空地摘什麼草，回來煮茶喝下去就緩解了，儼然是村裡的草藥女巫。

我頓悟到我們三代女性其實分別用著各自所處時代和適合的方式，從事療癒的工作。我花了生命的前半段，接受了高等教育，用科學實證的方式看待世界，漸漸因為發現藥草的魔力，慢慢研究而理解藥草並非不科學，是未以現代實證方式去理解的一個學門。更重要的是我到邁入五十之後才懂得，阿嬤以草藥助人、媽媽開藥房，而我不知不覺間也接受生命的安排，走上了助我也助人的療癒之路。

有人說旅行的目的是要找到回家的路，我走了好久，終於回到家。

一開始我不很確定為什麼要寫後語，在這些賦予生命經驗意義的過程中，我重新找到並定義自己，我想是要跟大家分享這樣的心路歷程。我感覺自己像是調製香水時添加的薰衣草，用細絲線把大家攬在一起，讓香氣更協調；又像是香草豆莢，穩住那些衝突過嗆的氣味。一直以為我多工，但最後我懂了，我的角色只有一個，把家族的前世與後代、東方與西方，全部揉和在一起，呈現在這張餐桌上。

不知你是否有過這個體驗，搬家經歷痛苦期沒有廚房可料理，或是旅行很久回到家，盼來終於可以在家煮食的第一個晚上，在餐桌前，咬下一口屬於自己的家常，於是確定，回到家了。

香氣帶你去旅行，香氣也帶你回家。希望這本書伴你啟程，也伴你找到回家的路。

LOHAS‧樂活

女巫阿娥的香料廚房

活用四季常備香料，做出健康療癒的餐桌風景

2022年2月初版　　　　　　　　　　　　　　　　　　定價：新臺幣480元
有著作權‧翻印必究
Printed in Taiwan.

著　　者	洪　慧　芳	
叢書主編	林　芳　瑜	
特約編輯	倪　汝　枋	
攝　　影	James Wilsey	
攝影助理	Lynn Wilsey	
美術設計	大　　　石	

出　版　者	聯經出版事業股份有限公司	副總編輯	陳　逸　華	
地　　址	新北市汐止區大同路一段369號1樓	總編輯	涂　豐　恩	
叢書主編電話	(02)86925588轉5318	總經理	陳　芝　宇	
台北聯經書房	台北市新生南路三段94號	社　長	羅　國　俊	
電　　話	(02)23620308	發行人	林　載　爵	
台中分公司	台中市北區崇德路一段198號			
暨門市電話	(04)22312023			
台中電子信箱	e-mail：linking2@ms42.hinet.net			
郵政劃撥帳戶第0100559-3號				
郵撥電話	(02)23620308			
印　刷　者	文聯彩色製版有限公司			
總　經　銷	聯合發行股份有限公司			
發　行　所	新北市新店區寶橋路235巷6弄6號2樓			
電　　話	(02)29178022			

行政院新聞局出版事業登記證局版臺業字第0130號

本書如有缺頁，破損，倒裝請寄回台北聯經書房更換。　ISBN 978-957-08-6199-0 (平裝)
聯經網址：www.linkingbooks.com.tw
電子信箱：linking@udngroup.com

圖片版權：頁70-71 、86、124-125 © ingimage